AF326103

MÉMOIRE

SUR LES PRAIRIES ARTIFICIELLES,

COURONNÉ

PAR la Société des Amis des Sciences, des Lettres, de l'Agriculture et des Arts, établie à Aix.

PAR D. J. QUENIN, Docteur-Médecin, Maire de Châteaurenard.

» Est à souhaiter le plus du domaine
» estre employé en herbages , trop
» n'en pouvant avoir pour le plus grand
» bien de la mesnagerie , car là-dessus
» comme sur un ferme fondement ,
» porte toute l'Agriculture. »
(Olivier de Serres, Théâtre d'Agriculture,
liv. I , chap. 4).

A AIX,

De l'Imprimerie D'Augustin Pontier. 1812.

EXTRAIT du Procès-verbal de la Séance publique de la Société des Amis des Sciences, Lettres, Arts et Agriculture d'Aix, du 4 Mai 1811.

Parmi les Mémoires qui nous sont parvenus sur la question d'Agriculture, conçue en ces termes : *Quelle est la meilleure manière de former des Prairies artificielles dans le Département des Bouches-du-Rhône ?* La Société en a distingué deux, à l'un desquels elle a décerné le prix..... L'auteur du Mémoire couronné est M. QUENIN, Docteur-Médecin, Maire de Châteaurenard, qui emploie de la manière la plus utile, les loisirs que lui laissent les intéressantes fonctions de sa place, et l'exercice pénible de sa profession.

Ce Mémoire..... est basé sur la pratique et l'expérience. Il renferme des détails intéressans, des vues nouvelles, des procédés ingénieux, à la portée du cultivateur le moins instruit. Il décèle des connoissances profondes en Agriculture, réunies à une pratique heureuse et consommée. La Société en couronnant cet ouvrage, s'est félicitée d'avoir pu fixer l'attention des Agriculteurs, sur une branche de l'économie rurale, aussi importante que négligée jusqu'à ce jour dans ce Département, et dont on doit retirer de si grands avantages.

INTRODUCTION.

QUELQU'IMPORTANTES que soient les découvertes dont l'Agriculture s'est enrichie à la fin du siècle dernier, et au commencement de celui-ci, il n'est que trop vrai que la culture des terres a besoin d'être perfectionnée dans plusieurs contrées du plus florissant des Empires, et l'on ne sauroit disconvenir que notre Département ne soit de ce nombre.

Peut-on voir rien de plus vicieux et de plus préjudiciable que l'assolement en usage dans la très-majeure partie des exploitations rurales ? Une année de blé et une de jachère, telle est la manière dont on traite la plûpart des champs arables, depuis un temps immémorial. Ce sont toujours des plantes céréales qui l'épuisent : à peine voit-on dans les jachères, ici, quelques pièces d'orge ou de seigle, qu'on fait pâturer pendant l'hiver par les brebis mères, et qu'on laisse le plus souvent monter en graine, au lieu de la couper en vert : là, un carreau de *bar- jelade*, ou pasquier, qui devroit être aussi grand qu'il est étroit, et que l'on néglige de couper à demi - grain : ici, quelques rayons de plantes légumineuses qu'on ne sauroit trop y multiplier, soit pour les enfouir comme engrais, soit pour établir une alternation avantageuse au sol : ailleurs, un pré très-circonscrit, dans l'hypothèse même assez rare, où l'on a le moyen de l'arroser à volonté.

Tel est le tableau de l'Agriculture de ce Département, tableau aussi vrai que déplorable, et dont il faut excepter seulement quelques terrains mieux cultivés, non par principes, mais par nécessité, parce qu'ils sont morcelés à mesure que les familles se propagent ; d'autres situés aux portes des grandes villes, où les engrais et les bras abondent ; quelques champs appartenant à des propriétaires assez instruits pour avoir reconnu les vices d'une routine funeste , et assez fermes pour l'avoir réformée ; enfin quelques Communes , auxquelles un site heureux a offert le double avantage d'avoir à leur portée, des eaux de source ou de rivière , que leur industrie a su utiliser , et un débouché facile pour les produits du jardinage, qui est leur principale ressource : exceptions très - clair - semées , dont je m'occuperai peu , aimant mieux donner plus d'extension aux réformes à introduire dans l'exploitation des nombreux domaines , qui méritent la préférence , sous le double rapport d'une plus grande étendue et d'un plus grand besoin d'amélioration.

L'ancien mode de culture a dû nécessairement amener l'épuisement du sol , et tendre insensiblement à le réduire au dernier degré de stérilité. Que peut-on attendre en effet , sinon des produits inférieurs aux frais d'exploitation , de ces champs , qui dans leur année de rapport sont obligés de fournir une récolte si épuisante, et qui, dans leur année dite de repos, sont encore forcés de nourrir une infinité de plantes inutiles, qui ne les affament pas moins, et dont la charrue ne les débarrasse qu'en exposant leur surface nue à être sillonnée par les pluies, desséchée par les vents et par les ardeurs de la canicule, et privée par conséquent de l'humidité si nécessaire pour la végétation ?

Un autre vice, non moins préjudiciable, de cet assolement, est l'oubli auquel l'agriculteur semble avoir voué dans la distribution de ses récoltes, les animaux utiles qui l'aident si puissamment dans ses travaux, et qui lui sont si nécessaires pour augmenter la masse de ses engrais, le vêtir de leur laine, le nourrir de leur lait, de leur chair, etc. Dans cette vaste étendue de terrain, qu'ils doivent cultiver ou fertiliser, à peine en voit-on çà et là quelques petites portions consacrées à leur nourriture, qui ne sauroit être trop abondante, et qui est toujours trop rare. Aussi, nos bêtes de labour sont-elles trop mal nourries pour faire de bonnes cultures, et prolonger leur vie. Ruinées avant le temps, leur renouvellement fréquent constitue leurs maîtres dans de grandes dépenses. La paille qu'on est réduit à leur donner pour seul aliment, pendant une grande partie de l'année, est si peu substantielle, quoiqu'on en dise, que sans le secours des grains, elle suffit à peine pour les empêcher de mourir d'inanition, tandis qu'elle ne devroit être employée qu'à servir de litière et à faire du fumier. Nous n'avons en effet que très-peu de substances qui puissent la remplacer, même imparfaitement, dans cet usage ; ou s'il s'en trouve, il faut d'ordinaire les aller chercher si loin, que les frais de transport contrebalancent, s'ils n'excèdent pas les profits attendus, et que peu de propriétaires , encore moins de fermiers , ont le temps , les avances et la volonté nécessaires pour se les procurer ; d'où il résulte que les récoltes diminuent sensiblement chaque année, faute de fumier , et que les bestiaux sont dans la boue , faute de litière.

Les bêtes à laine ne sont pas mieux traitées, quoique leur nombre soit encore insuffisant dans ce Département, en supposant même qu'il n'y ait point d'exagération dans les calculs de *Darluc*, de *La Tour d'Aigues* et de *Michel*, qui les portent à un million de têtes. L'été, elles parcourent en vain les champs cultivés et les terres en friche que le soleil dévore , sans y trouver une pâture suffisante ; ou bien , elles sont obligées d'aller la chercher sur des montagnes plus fraîches , éloignées de plus de cinquante lieues ; et c'est avec autant de frais et de peines que de pertes ; car leur absence nous prive du fumier, qui n'est pas le moindre de leurs produits. Dans l'hiver, pour peu que la saison soit rigoureuse, elles ne trouvent plus à la campagne une nourriture, qu'on ne peut leur donner en remplacement à la bergerie : elles dépérissent, l'espèce se détériore, et ne donne plus que des produits chétifs.

Portons un remède efficace à tant de maux. Rectifions des méthodes, qui n'ont pour elles que le prestige de l'ancienneté, et dont les vices sont aussi pernicieux que visibles. Créons des Prairies artificielles de toute espèce, et n'oublions jamais que nous ne pourrions les trop multiplier. Ce moyen, employé en quelques cantons y a obtenu des succès si étonnans, qu'il a fait entièrement changer de face des terrains jadis pareils aux nôtres. Il est seul capable de faire succéder la fertilité et la richesse, à la stérilité et à la misère. La Société Académique d'Aix en a bien senti l'importance, lorsqu'elle en a fait le sujet de son pre mier concours. Elle rendra le service le plus essentiel aux cultivateurs de notre Département, en fixant leur attention sur cette branche principale de l'économie rurale, qu'ils ont trop long-temps négligée ; et en leur présentant revêtu de son suffrage, un système complet de culture des Prairies artificielles, dont l'introduction fera dans notre Agriculture les changemens les plus avantageux. Que de titres n'acquiert-elle pas à leur reconnoissance ! On ne peut voir sans admiration s'élever du milieu des ravages de l'égoisme une réunion de philantropes, dont l'active bienveillance découvre nos besoins et cherche à faire sortir l'abondance du sein de la disette. Le désir de répondre, malgré la faiblesse de mes moyens, à leurs vues vraîment patriotiques, me porte à leur offrir le résultat de mes études et de mes expériences dans cette partie de la science agricole, dont je me suis particulièrement occupé dans mes loisirs.

« *Ayant souvent et soigneusement leu*, dirai-je avec l'illustre Olivier de Serres, *les livres d'Agriculture tant anciens que modernes , et par expérience observé quelques choses qui ne l'ont encore esté, que je sache, il m'a semblé de mon devoir de les communiquer.*

Il m'eût été facile de surcharger ce mémoire de notes et de citations, tirées des auteurs anciens et modernes, nationaux et étrangers ; mais j'ai dédaigné ce vain étalage d'une érudition plus fastueuse qu'utile, et, aussi ennuyeuse que déplacée dans un sujet de ce genre. J'ai pensé que la Société désiroit, au lieu d'un ouvrage scientifique, qui ne seroit entendu que par un petit nombre de lecteurs, un mémoire simple, concis, et à la portée de la classe nombreuse des agriculteurs, à laquelle il est spécialement destiné. Dans cette vue, j'ai écarté toute espèce de discussion théorique, pour ne présenter que des faits ; et j'ai moins cherché à introduire des innovations éloignées de nos usages, et par là même difficiles à propager, que l'application de préceptes, dictés par le succès constant d'un grand nombre d'expériences, que j'ai faites par moi-même, ou dont j'ai été le témoin.

Quoique ces préceptes soient spécialement adressés aux agriculteurs du Département des Bouches-du-Rhône, ils sont néanmoins applicables avec autant d'avantages dans tous les Départemens du midi de l'Empire français : tels que ceux de l'Hérault, du Gard, de Vaucluse, du Var, des Basses-Alpes, et autres, dont le sol, le climat, la température et les besoins sont à peu près semblables aux nôtres.

MÉMOIRE

SUR LES PRAIRIES ARTIFICIELLES.

CHAPITRE PREMIER.

DES PRAIRIES ARTIFICIELLES EN GÉNÉRAL.

§. I. *De leurs avantages.*

JE crois pouvoir me dispenser de rapporter ici, et de discuter les définitions aussi nombreuses que diverses, que l'on a données des Prairies artificielles. Ce travail seroit long et sans utilité ; je me borne en conséquence à dire que donnant à ces mots l'acception la plus générale, qui me paroît en même temps la plus exacte, je traiterai sous cette dénomination de toutes les plantes que l'on cultive pour en employer la fane à la nourriture du bétail.

Il est depuis long-temps reconnu, quoique la généralité des agriculteurs de cette contrée paroisse l'ignorer, à juger de leurs principes

A

par leur conduite, que les Prairies artificielles sont la base d'une bonne agriculture.
On ne sauroit contester que c'est de leur
multiplicité ou de leur rareté, que dépendent
l'augmentation ou la diminution des récoltes,
de sorte qu'on peut les regarder comme un
thermomètre sûr et invariable, pour prononcer sur l'état de l'agriculture d'un canton,
sur sa prospérité ou sa détresse.

Tant qu'on laissa subsister les Prairies naturelles, la nécessité des Prairies artificielles
dût être moins urgente; mais depuis que les
accroissemens successifs de la population ont
suggéré l'idée funeste de défricher la majeure
partie des premières, il est devenu absolument indispensable de recourir à l'établissement des secondes.

Les avantages qu'on en retire sont incalculables.

Elles occupent le terrain et donnent des
récoltes précieuses, pendant un temps où
sans rien produire, il auroit exigé des labours aussi coûteux qu'indispensables.

Elles l'ameublissent par l'action mécanique
de leurs racines qui pénètrent dans tous les
sens, dans la partie même que le fer n'a pas
atteint,

(3)

Elles le fertilisent par les débris de leurs racines, et par la dépouille annuelle de leurs tiges qui se réduisent en terreau.

Elles le purgent d'une infinité de mauvaises plantes, qui sans ces adversaires victorieux, n'auroient pas manqué de monter en graine, de multiplier à l'infini, et d'infester les blés des générations présentes et futures.

Elles s'opposent par leur ombrage, à l'action destructive d'un soleil brûlant, et empêchent ainsi l'évaporation de l'humidité, sans laquelle il ne peut y avoir de végétation.

Elles exigent de la terre une somme de substances alimentaires, d'autant moindre , qu'elles en puisent davantage dans l'atmosphère , par le moyen de leurs feuilles larges et nombreuses, et qu'en les coupant en vert on arrête la végétation, au moment où la formation prochaine de la graine consommeroit plus de *carbone* que n'a déjà fait la plante entière ; et l'on conserve presqu'intact cet agent principal de la nature , base fondamentale de tous les corps vivans, qui uni avec l'eau, laquelle ne lui sert peutêtre que de dissolvant , est sans contredit le principal, sinon le seul principe alimen-

taire des végétaux , et par conséquent l'élé-
ment de tous les engrais.

Les plantes dont elles se composent étant
tirées presque toutes de la famille des légumineuses , et ayant un mode de végétation
différent de celui des graminées annuelles dont
nos champs sont *lassés* , disposent la terre à
recevoir de nouveau les céréales avec le plus
grand profit.

Finalement, elles fournissent une nourriture aussi saine qu'abondante à tous les bestiaux , nous donnent les moyens de les conserver, de les multiplier , et d'augmenter ainsi
nos profits , nos alimens , nos engrais , et
par suite nos récoltes de toute espèce , que
la continuation des jachères diminueroit de
la manière la plus effrayante pour l'avenir.
Pour avoir de bonnes récoltes il nous faut
des engrais ; les engrais nous sont fournis par
les bestiaux , et les bestiaux ne peuvent exister
chez nous sans les Prairies artificielles. Telle
est la liaison qui existe entre toutes les parties de l'économie rurale , que s'il en manque
une tout est dissous.

La réunion de tous ces avantages aussi précieux qu'incontestables , auroit dû depuis
long-temps éclairer nos cultivateurs sur leurs

véritables intérêts, et les porter à réduire la culture des céréales, dont l'extension immodérée et le retour trop fréquent sont la ruine totale de notre agriculture ; mais la voix de la routine et des préjugés, plus forte que celles de la raison et même de l'intérêt, perpétue, chez des hommes d'ailleurs assez instruits et bien intentionnés, deux erreurs funestes; l'une, que leur méthode de culture est la meilleure possible, l'autre, que leur terrain n'est propre à aucune prairie artificielle. L'aspect de leur sol qui contraste si évidemment, par ses récoltes chétives, avec d'autres inférieurs en qualités, et cependant couverts de toutes sortes d'excellens produits, parce qu'ils sont mieux administrés, doit suffire pour les convaincre de la fausseté de la première, sans avoir besoin d'autres preuves. Je démontrerai dans le cours de ce mémoire, que la seconde n'est pas mieux fondée, et qu'il n'existe à la rigueur dans la variété des sols de notre territoire aucun champ, quelque mauvais qu'il soit, qu'on ne puisse soumettre à la production de quelque fourrage.

On a fait contre l'admission des Prairies artificielles d'autres objections, qui ne sont pas plus raisonnables, et qu'il est par consé-

A 3

quent aussi facile d'anéantir. On a prétendu
que leur extension se faisoit aux dépens des
subsistances de l'homme, qui doivent être,
sans contredit, le principal but de l'agriculture. Je réponds à cela premièrement,
qu'il est des Prairies artificielles qu'on peut ne
laisser subsister qu'une année, et détruire
la seconde, sans perdre ni retarder une récolte de froment, et que c'est là peut-être la
meilleure manière de les cultiver, sur-tout
pour ceux qui n'ont que des propriétés cir-
conscrites, et qui ne pourroient faire le sacrifice d'une production de première nécessité;
secondement, qu'autant d'années subsiste une
Prairie artificielle, autant ensuite ce champ
peut fournir sans interruption, de produits
alimentaires pour l'homme, blé, légumes,
pommes-de-terre, maïs, etc. ; troisièmement,
que l'admission des Prairies artificielles a par-
tout augmenté la masse des récoltes de céréales, et qu'il y a beaucoup plus à gagner,
même en blé, qu'à perdre par leur introduction. Les annales de notre agriculture sont
si remplies d'exemples qui le prouvent, que
je crois inutile de les citer ; et d'ailleurs il n'est personne qui n'en ait vu, ou
fait l'expérience. Ce champ qui ne donnoit

autrefois que des récoltes chétives, produit beaucoup plus de grains et de meilleure qualité, depuis qu'il a été pendant quelques années, en tréfle, luzerne ou sainfoin, durant lesquelles il a fourni les moyens de nourrir un plus grand nombre de bestiaux, dont les fumiers ont fertilisé le reste de l'exploitation. Je dis plus, le blé peut-il être l'unique nourriture de l'homme ? les bêtes à laine et les bœufs ne lui sont-ils pas également utiles sous ce rapport, en même temps qu'ils fournissent d'autres objets de première nécessité ? et ne peut-on pas dire avec fondement, qu'un champ en fourrage produit autant pour nous alimenter que s'il étoit en blé, et qu'il donne plus de profit ?

Quelques antagonistes des Prairies artificielles, ont cru combattre victorieusement notre systéme basé sur l'abolition des jachères et leur conversion en prairies, en nous disant : » que ferons-nous de nos troupeaux, si » nous n'avons point de champ en chaume, à » leur faire parcourir » ? mais leurs troupeaux au lieu de perdre à ce changement, y gagneront de toutes les manières : dans ces champs en chaume qui n'auroient produit que quelques herbes souvent inutiles, quelquefois même dangereuses, ils trouveront une nourriture beaucoup plus abondante , et aussi saine qu'agréable ; pour cela il n'y a qu'à leur en abandonner une partie, la leur faire manger sur place, ou fraîche au ratelier. S'ils sont privés de jouir du reste pendant quelque temps, n'y a-t-il pas de quoi les dédommager au centuple, dans le même moment ? Un *are* de Prairie artificielle, ne vaut-il pas mieux qu'un hectare de chaume ? et lorsque la saison rigoureuse aura suspendu toute végétation, ne pourront-ils pas manger les regains, et après l'épuisement de cette ressource qu'on prolonge en la ménageant, ne pourra-t-on pas venir à leur secours , au moyen d'une bonne provision de fourrages secs ? Au reste , je n'exige point que l'on convertisse tous les chaumes indistinctement en Prairies artificielles , parce que je sais qu'une belle *margaillère* (mélange de quelques graminées annuelles, sur-tout de *lolium*, qui croissent naturellement en quelques endroits dans les chaumes) a aussi son prix , et vaut souvent un autre fourrage. Je ne m'oppose point à ce qu'on la conserve, pour la faire manger sur place, ou la faucher, selon les besoins et les convenances.

Dans le cas où l'on trouveroit que j'ai trop insisté sur la nécessité des Prairies artificielles, dont les avantages sont depuis si long-temps reconnus, je répondrois que j'ai été autorisé à le faire, par les difficultés que j'éprouve tous les jours, à convaincre de ces utiles vérités un grand nombre de cultivateurs, asservis à *la routine aveugle* de leurs pères.

§. II. *Examen et choix des Plantes employées à la formation des Prairies artificielles.*

A la vue de ces myriades de végétaux de toute forme et de toute espèce, qui couvrent la surface de notre globe, un observateur superficiel est tenté d'accuser la nature, d'avoir voulu étaler un luxe superflu ; mais ne nous y trompons point : chacune de ces plantes que nous foulons aux pieds a une utilité particulière que nous ignorons, un mode de végétation que nous ne connoissons pas mieux. Quel vaste champ de recherches ! Avare dans la production des choses inutiles, la nature n'a rien fait en vain. Prodigue dans les moyens de pourvoir à la multiplicité de nos besoins, elle n'a rien omis, de ce qui pouvoit être utile dans les diverses circonstances de la vie, soit à nous, soit aux animaux qu'elle a placés sous notre empire. Il ne nous reste qu'à chercher à en tirer parti.

Un grand nombre de plantes ont été employées à la formation des Prairies artificielles. Quelques-unes ont été prises dans la famille précieuse des graminées, contenues dans plusieurs classes. Il en est d'annuelles, l'orge, l'avoine, le maïs, etc., et de vivaces, qui, semées seules ou mélangées, forment la base de nos prés-gazons, ou prés-permanens, et que nous détaillerons en traitant cet article. Nous en tirons beaucoup aussi de la famille des légumineuses : les principales sont la luzerne, *medicago sativa* ; le tréfle, *trifolium pratense* ; le sainfoin, *hedysarum onobrychis* ; la vesce, *vicia sativa*. Il en est quelques autres qui sont moins employés, le mélilot commun, le blanc et celui de Sibérie , *trifolium melilotus* ; la lupuline, *medicago lupulina* ; et d'autres tirées de différentes familles , comme le sarrazin , *polygonum fagopyrum* ; la chicorée sauvage, ou grande chicorée, *cichorium intybus* ; la pimprenelle, *poterium sanguisorba* ; et plusieurs autres, que de nouvelles découvertes font passer tous les jours des friches ou des jardins , dans les champs arables. Il n'est pas même jusqu'à l'ignoble ortie , *urtica urens* , plante long-temps regardée comme absolument inutile , aussi désagréable à la vue qu'au toucher , qui n'y ait trouvé sa place , sur-tout en Suède.

Toutes ces plantes ont eu leurs proneurs ; méritent-elles les éloges qu'on leur a accor-dés ? Oui sans doute , du moins jusqu'à un certain point , si on a l'attention de circons-crire chacune d'elles dans la localité qui lui convient , et si on leur accorde à toutes , les soins qu'elles réclament. Dans ce nombre aussi grand que leurs qualités sont variées , nous pouvons espérer d'en trouver pour tous les sols et tous les climats ; mais afin qu'elles réussissent , chacun doit s'attacher à celles qui lui conviennent le mieux : choix aussi essentiel que difficile ! procédons-y avec un discernement suggéré et réglé par plusieurs motifs qui méritent tous une égale attention. Il faut prendre en considération ,

1.º La nature du sol et son état actuel ;

2.º Le climat , la température , et ses varia-tions les plus fréquentes ;

3.º La situation de notre agriculture , par rapport à ses ressources en engrais et au-tres amendemens ;

4.º La possibilité ou l'impossibilité d'arroser;

5.º La plus ou moins grande ressemblance entre les végétaux à introduire et ceux avec lesquels ils doivent être alternés;

6.º Le systême d'exploitation qui est pratiqué, et qu'on peut perfectionner;

7.º Enfin, l'espèce et le nombre des bestiaux que l'on doit nourrir.

Passons rapidement ces divers objets en revue, et prenons-les pour base, dans la détermination du choix des fourrages, à la culture desquels nous devons nous attacher.

1.º Le sol de notre département présente dans sa composition, des différences remarquables : dans la partie nord-ouest, voisine de la Durance, domine la silice unie à la terre calcaire; dans le reste, c'est au contraire l'alumine associée encore à la terre calcaire; entre ces deux extrêmes, il est divers mélanges de l'une et de l'autre; mais il s'en trouve peu qui soient dans les proportions requises, pour faire une bonne terre végétale. Les uns trop siliceux, laissent échapper l'eau avec autant de facilité qu'ils la reçoivent; les autres trop alumineux, en sont pénétrés difficilement, et la laissent séjourner à leur surface, où elle est bientôt absorbée par les

vents et les premières chaleurs du printemps ;
de sorte que ces terrains, quoique bien différens de leur nature, pèchent par le même
défaut, qui dépend à la vérité moins de leur
composition que de l'influence du climat.
Ils sont exposés les uns et les autres à se
dessécher, et cet état qui dure plusieurs mois
de l'année, arrête la végétation de la plûpart
des plantes, fait périr celles qui sont tant
soit peu délicates, et ne laisse subsister que
les plus robustes.

Par une succession non interrompue de
céréales éminemment épuisantes, notre sol
se trouve réduit à un état de stérilité extrême,
et ne peut plus recevoir avec fruit, que des
plantes qui n'exigent rien de lui au-delà de
ce qu'il peut donner.

2.º Ce climat de la Provence, tant vanté
sous les rapports de l'agrément, mérite beaucoup moins de l'être, si on le considère sous
les rapports de la végétation. Si nos hivers
sont quelquefois assez modérés, nos étés sont
presque toujours extrêmes. Nous éprouvons
pendant plusieurs mois de l'année, une chaleur qui est assez intense pour devenir
meurtrière, et qui pénétrant jusques dans la
terre, en absorbe toute l'humidité. La végétation

est alors suspendue, au point que la nature semble plongée dans l'inaction, comme au cœur de l'hiver. Pendant des mois entiers nous sommes privés de ces pluies bienfaisantes, qui seules peuvent lui rendre la vigueur. L'eau qui tombe ici est si inégalement distribuée, qu'après avoir été inondés, nous sommes ensuite en proie à de longues sécheresses, dont les vents par leur fréquente impétuosité augmentent encore l'action destructive. On ne voit leur résister que les plantes les plus robustes, celles qui ayant tracé profondément, vont chercher au loin leur nourriture, et celles qui ayant déjà parcouru le cercle de leur végétation, s'approchent de leur maturité, époque à laquelle elles exigent moins d'humidité.

3.º La situation de notre agriculture, par rapport à nos ressources en engrais et autres amendemens, n'est pas plus brillante que notre sol et notre climat, pendant plusieurs mois de l'année. Les engrais sont rares et chers, parce que nous n'avons pas assez de bestiaux, et nos terres à blé sont trop épuisées, pour ne pas en exiger plus qu'il n'en existe. Plusieurs genres d'amendemens sont inconnus ou négligés. Les opérations aratoires s'exéculent mal, parce qu'elles sont trop multipliées, et que nos bêtes de labour sont mal entretenues.

4.º Il est peu de terrains qui puissent être arrosés ; et ceux même qui le sont ne retirent point de cette belle faculté tout l'avantage qui pourroit leur en revenir, parce que les irrigations fréquentes qu'exige notre climat, consomment une trop grande quantité de fumiers.

5.º La ressemblance extérieure de diverses plantes, indique entr'elles des rapports qui les rendent impropres à être alternées, et qui doivent nous engager à ne les faire succéder qu'à de longs intervalles de temps. Ainsi les graminées vivaces, les orges, les avoines et leurs mélanges, succèdent moins avantageusement au blé que d'autres plantes de familles différentes, comme par exemple les légumineuses.

6.º D'après le mauvais système de culture généralement admis chez nous, la moitié des champs est mise chaque année en blé. La plûpart de nos cultivateurs croiroient attenter à l'intégrité de nos subsistances, et commettre un crime de lèze - nation, s'ils en agissoient autrement. Cette fausse idée les écarte de la culture de toute plante qui leur feroit perdre une récolte de blé. Quelque contraire qu'elle soit aux principes de la bonne agriculture, nous devons la respecter eu égard à son motif, d'autant mieux qu'elle n'est point un obstacle à l'introduction de quelques prairies de courte durée.

7.º Les mulets et les chevaux que nous employons aux travaux de l'agriculture, sont nourris au ratelier, de même que les bœufs. Ce régime convient fort peu à ceux-ci; mais au moins faut-il leur donner des fourrages secs, assortis à leurs goûts, et assez subs-tantiels pour les soutenir les uns et les autres, dans les travaux forcés et continuels que nous en exigeons. Nos bêtes à laine seroient en meilleur état, et produiroient en proportion de nos largesses, si nous pouvions leur four-nir pendant la belle saison des pâturages, et en hiver des fourrages soit secs soit frais en abondance.

Il suit de toutes ces considérations, que nous devons choisir pour former nos Prairies artificielles une plante,

1.º Qui puisse prospérer dans les terrains arides infertiles, dans les expositions les plus brûlantes,

brûlantes, et qui les améliore au lieu de les épuiser,

2.º Qui soit assez robuste pour résister à la sécheresse, et pourvue d'assez longues racines, pour pouvoir aller chercher au loin l'humidité,

3.º Qui n'exige pas de grandes dépenses de culture ni d'engrais,

4.º Qui puisse se passer de l'arrosage,

5.º Dont la forme extérieure, et le mode de végétation contrastent avec les céréales auxquelles nous la destinons à succéder,

6.º Dont la végétation soit assez rapide pour qu'elle produise dès la première année, et qu'elle soit à la seconde dans toute sa force, de sorte qu'elle ne fasse perdre que peu ou point de récolte de blé,

7.º Qui puisse être consommée en vert sur place, et se conserver pour l'hiver; qui fane avec facilité, et donne une nourriture saine, abondante et substantielle, sans être échauffante; telle en un mot, qu'il la faut pour entretenir la santé et la vigueur de nos bêtes de labour et de nos bêtes à laine.

Cette réunion de qualités ne se rencontre que dans un petit nombre de plantes. Nous ne la trouvons point dans nos graminées an-

nuelles qui ont trop de rapport avec nos
céréales, et dont le fourrage se conserve peu;
ni dans les vivaces qui veulent l'humidité,
et ne produisent passablement qu'après deux
ou trois années. Le trèfle exige des terrains
naturellement gras et humides, ou arrosables,
tels que nous en avons fort peu. La luzerne
demande une terre de bonne qualité et beaucoup de fumier. L'un est aussi rare que l'autre.
D'ailleurs elle ne peut être consommée en vert,
sans danger de météorisation, et son fourrage sec est très-échauffant. La vesce ne peut
être conservée que pendant quelques mois,
parce qu'il est impossible de la garantir des
ravages des rats. Le sarrasin a les tiges trop
grosses et les feuilles trop rares. La grande
chicorée n'est bonne que pour être consommée en vert ; et la pimprenelle ne foisonne pas
assez. Le sainfoin seul réunit tou-
tes les qualités désirées , sans en exclure
aucune. Originaire des montagnes il a con-
servé dans les champs la vigueur qu'il avoit
dans l'état agreste. Il n'exige pas de bons terrains, et vient dans les plus mauvais, calcaires, siliceux , alumineux même , pourvu
qu'ils ne soient pas humides. » Doué de ra-
» cines longues et fortes, il peut mieux que

» toute autre plante, aller chercher l'humi-
» dité à nue grande distance de la surface,
» et par conséqueut résister aux chaleurs les
» plus intenses, aux sécheresses les plus pro-
» longées. » Il fait des merveilles, avec le secours des engrais ; mais il s'en passe, s'il le
faut, ainsi que de l'arrosage et des fortes cultures. Il donne dès la première année, quelques produits, et se trouve à la seconde,
dans toute la force de sa végétation qu'il
peut conserver jusqu'à quinze et quelquefois
vingt ans. Le terrain qu'il occupe est bientôt fertilisé par les débris de ses feuilles
ou de ses tiges, et par la décomposition de ses
racines après sa destruction, et devient parfaitement disposé à recevoir des céréales. Il fournit
un fourrage également sain et copieux, bon à
être mangé vert comme sec, et agréable
dans ces deux états à tous les bestiaux. On
ne sauroit contester au sainfoin une seule
de ces excellentes qualités, et lui refuser les
éloges qui lui ont été accordés unanimement,
par les Agronomes les plus célèbres. Olivier
de Serres, le nomme une plante *fort valeu-
reuse*, et recommande au père de famille, de
s'en pourvoir, *considérant la notoire com-
modité qui lui en revient*. Rozier affirme que

jusqu'à ce jour, on n'a trouvé aucune plante capable de le remplacer. Gilbert convient, que *les nombreux avantages qu'on en retire, sont bien faits pour justifier l'enthousiasme qu'il a inspiré.* Tous ceux qui les ont suivis ont rendu le même témoignage. Tous l'ont cultivé avec le même succès , dans des sols et des climats différens , en prenant toutefois les précautions convenables. Un grand nombre de Départemens lui doivent l'état florissant de leur agriculture et leur richesse. Il se répand chaque jour davantage dans ceux du Var, de Vaucluse et du Gard, qui par le terrain et la température diffèrent peu du nôtre ; et sans aller chercher si loin des exemples, nous pouvons citer nos 2.e et 3.e arrondissemens, où nous le voyons prospérer par-tout où il est admis. Je le cultive depuis long-temps avec le plus grand succès , et mon exemple a concouru avec mes sollicitations, à le faire adopter dans mon voisinage.

Je fus déterminé à cette culture par un fait trop remarquable , pour ne pas me faire un devoir de le mentionner. J'avois observé qu'une partie d'un de mes domaines jouissoit d'une fertilité qu'on ne retrouvoit pas ailleurs. Je ne pouvois deviner la cause de cette différence de produits dans des champs contigus dont la profondeur et l'apparence extérieure étoient les mêmes. Tandis que je travaillois, mais en vain, à résoudre ce problême inexplicable, j'appris d'un voisin fort âgé, que mon aïeul avoit fait mettre autrefois cette partie de terrain en sainfoin, et l'avoit laissé subsister douze ou quinze ans. Comme la totalité du domaine avoit été ensuite cultivée et fumée sans prédilection, je ne balançai point à attribuer au long séjour du sainfoin, la fécondité extraordinaire de ce coin de terre malheureusement trop circonscrit. Charmé de cette découverte, et désirant en tirer parti, je relus ce que les Agronomes ont écrit sur ce fourrage devenu pour moi très - intéressant. Je recueillis tout ce qu'on avoit fait, ou appris par tradition , dans le pays et les environs sur quelques petites cultures de cette espèce qui y avoient été faites à diverses époques, mais sans suite; et je me déterminai à entreprendre une série d'expériences capables de faire porter un jugement juste sur son véritable produit, comme sur sa meilleure culture.

Je l'ai cultivé comparativement avec les autres prairies artificielles dans les divers terrains qui ont été à ma disposition , tous siliceux et calcaires, et extrêmement secs. Je me suis convaincu de plus en plus , que la balance penchoit toujours de son côté , et qu'il méritoit de notre part , sinon une préférence exclusive , du moins une place très-considérable et habituelle dans nos assolemens, fondée sur ses quatre qualités principales , qui sont : d'être propre à la majeure partie de nos terres , de n'avoir pas besoin d'arrosage, de résister à la sécheresse de nos étés, et de n'exiger que peu ou point d'engrais.

J'épargnerai au lecteur l'ennui qu'il éprouveroit si je l'obligeois à me suivre pas à pas dans les tâtonnemens pénibles , et les essais quelquefois infructueux que j'ai été obligé de faire pour ne pas me fier à des oui-dire , et afin de vérifier tout par moi-même; et je crois suffisant de rapporter ici une expérience très-concluante que je fis il y a environ huit ans, sur les produits du sainfoin comparés avec ceux de la luzerne et du trèfle qui lui ont été préférés jusqu'à présent.

Je divisai en trois parties égales un champ d'environ soixante ares. J'avois choisi de préférence un terrain non arrosable , sabloneux et calcaire, avec prédominance d'alumine, ce qu'on nomme vulgairement terre forte ; il étoit médiocrement fertile, et donnoit annuellement six pour un de semence. Après avoir fait cultiver de la même manière et fumé médiocrement les trois parties, je les semai en blé en octobre. Je fis répandre en même temps dans la première, de la graine de sainfoin, et en mars, de la graine de luzerne dans la deuxième, et de trèfle dans la troisième. La moisson fut suivie de quelques pluies qui firent croître rapidement mes jeunes plantes, jusqu'alors assez basses. Je fauchai en septembre ; la récolte du trèfle fut la plus belle ; celle de la luzerne et celle du sainfoin aussi médiocres l'une que l'autre. La deuxième année, malgré une sécheresse constante, j'eus deux belles coupes de sainfoin, et un regain superbe, trois de luzerne et un regain médiocre. Le trèfle produisit peu et fut cependant fauché trois fois. La troisième année je crus ne pouvoir me dispenser de fumer le trèfle et la luzerne. Le sainfoin ne les surpassa pas moins, quoique privé de ce secours. Comme c'étoit la dernière année du trèfle, je le défrichai ; et pour suivre exactement mon expérience, j'en fis de même de la luzerne et du sainfoin qui auroient pu subsister encore quelques années. Du compte exact des produits, respectifs que j'avois tenu , il résulta que la luzerne avoit donné en trois années deux cent vingt-un myriagrammes de fourrage ; le trèfle cent soixante-huit , et le sainfoin, deux cent quatre-vingt-neuf. La différence, entre les produits est déjà assez grande ; mais elle le paroîtra bien davantage , si l'on fait attention que le sainfoin n'a exigé aucuns frais pour les engrais , qui sont au contraire à déduire des produits de la luzerne et du trèfle. Ce n'est pas tout : je semai du blé sur les *défrichés* de ces prairies. Le plus beau fut celui du terrain qu'avoit occupé le sainfoin. Il produisit un quart de plus, supériorité qui s'est prolongée dans les récoltes suivantes, et qui n'a pas encore totalement disparu.

Il seroit, je pense, inutile de rapporter une foule d'autres expériences que j'ai faites sur le même objet , parce qu'elles n'offrent que la répétition de la première. Tous les résultats ont prouvé la supériorité du sainfoin sur les autres Prairies artificielles, dans les terrains secs et de médiocre valeur , tels que la grande majorité des nôtres, dans lesquels il vient presque sans peine et sans dépense.

La luzerne y viendroit aussi, me dira-t-on ? je veux le croire ; mais elle y exigeroit beaucoup plus de culture et d'engrais, et produiroit moins ; et dans le cas même où l'on pourroit rendre ses récoltes plus abondantes au moyen de l'arrosage , elle ne donneroit pas un plus grand profit, parce qu'elle demanderoit alors une très-grande quantité de fumier : car des irrigations souvent répétées, en lavant le terrain , le détérioreroient au lieu de l'améliorer. Ce n'est que dans les terrains naturellement gras , et un peu humides , les plus fertiles et les mieux fumés, que la luzerne doit être préférée. La multiplicité et l'abondance de ses coupes, la mettent au-dessus de tout autre fourrage dans ces endroits privilégiés , malheureusement très-rares.

Le trèfle supporte encore moins la comparaison. Il n'est préférable que dans les sols bas et humides, les seuls où le sainfoin ne peut prospérer.

Dans les plus mauvais terrains où nulle autre prairie ne sauroit croître, le sainfoin ne donnera pas, j'en conviens, de grands produits ; mais n'est-ce pas beaucoup que de recueillir quelque chose , où l'on n'avoit rien autrefois, et de féconder en même temps un fonds auparavant stérile ?

Qu'on ne croie pas cependant que je veuille n'adopter que le sainfoin, et proscrire toutes les autres Prairies artificielles. Je suis ennemi de tous les préceptes exclusifs , parce que j'en connois les inconvéniens. Je sais d'ailleurs que si d'un côté il n'est point de commune, point de ferme peut - être , qui n'ait des terrains propres à des prairies différentes , d'un autre côté il est utile , il est même indispensable de pouvoir offrir aux bœufs, aux mulets et chevaux de labour, et aux brebis, des alimens variés suivant l'exigence des cas, dans leurs divers états de repos ou de travail, de santé ou de maladie, de gestation ou d'alaitement. C'est pourquoi je dirai à nos agriculteurs : après avoir consacré à la culture du sainfoin la majeure partie de vos champs, pour des raisons aussi déterminantes que celles ci-dessus rapportées, choisissez une petite portion de ceux que vous jugerez les meilleurs ; travaillez-la avec soin , fumez-la abondamment, et semez-y de la luzerne, ennemie des maîtres avares. Avez-vous quelque bas-fond frais et humide ? destinez-le au trèfle. En avez-vous qui soient en même temps frais

et pierreux? mettez-y du fromental. Pouvez-
vous disposer de l'eau de quelque source ou
de quelque canal? profitez - en pour établir
un pré-gazon ou pré permanent. Quelqu'un
de vos champs en sainfoin a-t-il souffert des
intempéries des saisons? remplacez-le par les
vesces seules, ou par une barjelade. Voulez-
vous vous procurer une augmentation de ressources pour l'hiver? semez du sarrasin sur vos
chaumes. Toutes ces plantes sont également utiles dans une exploitation, sinon comme récolte
principale, du moins comme récolte secon-
daire; c'est pourquoi j'indiquerai la manière
de cultiver les unes et les autres, en com-
mençant par les plus essentielles.

CHAPITRE II.

CULTURE DES PLANTES PROPRES AUX Prairies artificielles.

§. I. *Du Sainfoin.*

Si l'on consulte la plûpart des auteurs qui
ont écrit sur les Prairies artificielles, on ne
peut qu'être effrayé de l'immensité des travaux préparatoires qu'ils recommandent pour
leur établissement. Il faut, selon eux, quinze

ou dix-huit mois à l'avance défoncer le terrain à une grande profondeur, répéter sans cesse pendant ce long intervalle les labours, les hersages, les roulages, et prodiguer les engrais. Mais il est fort douteux que leur produit, quelque considérable qu'il soit, dédommage toujours de ces grandes avances, qui d'ailleurs ne sont pas à la portée de tout le monde. Portons, au contraire, dans les opérations agricoles, une économie stricte, et raisonnée; réglons tout avec une si scrupuleuse attention, que chaque mise de fonds, en travail ou en argent, soit suivie d'un profit immédiat, et ne perdons pas de vue la sagesse contenue dans cet ancien adage : *Benè colere optimum, optimè colere damnosum.*

Nous avons déjà dit que le sainfoin n'exige pas des cultures fort dispendieuses, et qu'il se contente des moindres. De simples labours à la charrue à versoir dite vulgairement *coutrié*, lui suffisent en effet, sans qu'il manque cependant de récompenser des plus grands soins si on les lui accorde. Nous le voyons prospérer dans des terrains qui n'ont pas reçu d'autres préparations. Il faut seulement faire attention que le sol soit parfaitement uni. On ne sauroit croire combien cette précaution influe sur sa réussite, ainsi que sur celle des autres récoltes qui passent l'hiver en terre. Les bords des champs labourés sont souvent plus relevés que le milieu, par l'action continuelle et presque insensible des ailes et des versoirs des charrues, qui tendent toujours à porter la terre sur les côtés, et à faire du centre un bassin. L'eau des pluies s'y réunissant pendant l'hiver, croupit et porte le plus grand préjudice aux plantes qui s'y trouvent, sur-tout au sainfoin, qui périt infailliblement.

On ne sauroit prescrire le nombre des labours strictement nécessaires, parce qu'ils varient suivant la nature du sol; ils doivent être d'autant plus réitérés, que la terre est plus dure, plus compacte, et ne cesser que lorsqu'elle est réduite à un état d'ameublissement aussi parfait qu'il est possible. Le temps de faire ces labours varie suivant l'époque à laquelle on seme, qui peut être, ainsi que nous le dirons dans la suite, au printemps, ou en automne. Dans le premier cas, on doit employer l'automne et l'hiver aux travaux préparatoires ; donner d'abord un labour à la charrue ou au *coutrié*, et ensuite un ou plusieurs labours à l'araire en divers sens. Dans le second, c'est tout de suite après la moisson, ou après toute autre récolte d'été, qu'il faut donner la première œuvre, et faire suivre l'autre immédiatement. Lorsqu'on seme dans le blé, il ne faut d'autres préparations, que celles nécessaires pour ce grain.

Le choix de la graine mérite d'autant plus d'attention, qu'on ne peut guères compter que sur celle qu'on a recueillie soi-même. La majeure partie de celle qui est dans le commerce, se trouve avariée ou trop peu mûre. Des cultivateurs avides, par une cupidité aussi condamnable que funeste aux acheteurs confians, voulant avoir un double produit en graine et en fourrage, retardent la fauchaison, jusqu'à ce que la graine commence à paroître, mais non pas assez pour la laisser former entièrement. Ils recueillent et renferment leur fourrage comme à l'ordinaire, et ramassent ensuite à la fin de l'hiver dans les balayures du grenier à foin les graines qui se sont détachées. On sent bien qu'elles ne sont pas parvenues à un degré de maturité suffisant pour pouvoir lever, et elles manquent infailliblement , sans qu'on puisse en deviner la véritable cause ; et alors l'ignorance ne manque pas d'accuser la nature du sol, de ce défaut de succès. Pour éviter d'être dupe de pareille fraude, on doit choisir la graine d'une couleur grise foncée, et bleuâtre, pesante et sonore, c'est-à-dire, qui rend un bruit sourd et léger, lorsqu'on en secoue une poignée près de l'oreille. C'est une preuve que la semence contenue dans la capsule est bien nourrie, ce dont il est d'ailleurs facile de s'assurer encore mieux, par l'ouverture de son enveloppe.

Avant de pouvoir récolter moi - même la graine qui m'étoit nécessaire, je m'en procurai de Nismes et de Carpentras. J'ai toujours été plus satisfait de la première, ainsi que plusieurs particuliers, qui en avoient fait venir de l'un et l'autre endroit. Un savant Agriculteur m'a rapporté qu'on a observé dans le département du Var, où cette culture encouragée par M. le Préfet, a produit d'heureux résultats, qu'il fallôit la prendre plutôt dans le Languedoc, qu'en Provence ; que pour la terre schisteuse, on devoit la prendre à Narbonne ; pour la terre calcaire, à Uzès, et pour la terre sabloneuse, à Castelnaudary. On a proposé aussi de recueillir celle des plantes qui croissent spontanément sur les collines, aux environs d'Aix et de Salon. Je crois qu'il est préférable, lorsqu'on a commencé cette culture, et qu'on se propose de la continuer, de faire soi-même la graine nécessaire. Il ne s'agit pour cela que de laisser monter en graine une étendue de sainfoin proportionnée aux besoins. C'est sur la première coupe de la deuxième ou troisième année qu'il faut la réserver. Dès qu'elle est parvenue au point suffisant de maturité, on coupe la plante à la faulx, ou, ce qui vaut encore mieux, on en cueille la graine à la main, afin qu'elle soit exempte du mélange d'autres graines. On la porte au grenier, où on la conserve à l'abri de l'humidité. Elle peut servir deux ans et même trois, après qu'elle a été récoltée ; mais la nouvelle est préférable.

Les Agronomes ne sont pas d'accord sur la quantité de graine qu'il convient d'employer dans une étendue donnée de terrain. Les uns prescrivent d'en mettre autant que de blé ; d'autres le double ; quelques-uns quatre fois plus. J'ai tâché de déterminer exactement

par

par quelques expériences, et je me suis convaincu qu'un hectolitre suffisoit pour quarante-
cinq ares ; ce qui revient à peu près à la
quantité fixée par Gilbert, qui est de 90 kilogrammes pour l'arpent de Paris. On peut même
la diminuer sans inconvénient, si l'on sème
dans un bon terrain, par un temps favorable, après l'hiver, et *vice versâ*. Les
plantes trop claires laisseroient entr'elles des
vides dans lesquels se logeroient à leur aise
une infinité de plantes parasites, qui accé-
léreroient sa destruction ; trop épaisses, elles
se dévoreroient mutuellement, et ne produiroient que peu.

On a long-temps disputé pour savoir s'il
falloit semer le sainfoin seul, ou avec les
céréales. Il est certain que si le blé garantit
le sainfoin des vents, de la rigueur du froid
et des coups de soleil, en revanche il occupe
une place qui lui est destinée, et fait sa croissance à ses dépens ; mais on est amplement
dédommagé de ce petit préjudice, par la récolte en grains ; et le sainfoin, qui de l'aveu
de tous les agriculteurs, ne produit jamais
que fort peu la première année, croît et se
fortifie parmi les tiges de blé, et ne donne
pas moins la seconde, j'ose le dire, que si on

l'avoit semé seul , et qu'on eût perdu une récolte de blé , ou une année de temps , pour attendre la jachère. Il convient donc de semer ces grains ensemble, sur-tout lorsqu'on est décidé à ne laisser subsister la prairie que pendant peu d'années ; car si l'on vouloit en prolonger la durée, il faudroit semer le sainfoin seul , et faire tout au mieux, vu le grand avantage qu'on en retireroit pendant long-temps. Pour obtenir le plus grand succès de l'association de ces deux plantes , il faudroit semer le blé à raie dans les sillons : méthode excellente , malheureusement trop peu répandue, à laquelle on reproche à grand tort une légère augmentation de main-d'œuvre, dont on est amplement récompensé, par des produits plus abondans , des blés plus beaux, et l'économie de plus de la moitié de la semence.

Il est deux époques différentes pour semer ce fourrage : l'automne et le printemps. La première doit être préférée toutes les fois que la saison a été favorable, et qu'on a pu préparer suffisamment le terrain. La plante déjà forte aux approches de l'été , résiste mieux aux chaleurs, et produit non-seulement davantage , mais plutôt. On gagne par ce moyen une année. C'est aussi le temps que l'on doit préférer, lorsqu'on sème dans le blé. Ce n'est pas qu'on ne pût aussi le faire au mois de mars, mais l'opération est alors plus compliquée et entraîne des inconvéniens. Dans le premier cas, après avoir couvert le blé avec l'*araire*, selon la coutume, il ne s'agit que de répandre la graine de sainfoin, et de passer la planche par-dessus. Rien n'est plus simple et moins coûteux. Si l'on a renvoyé au mois de mars, la plante du blé déjà élevée et touffue, empêche que la graine de sainfoin ne se répande également. Il faut ensuite la recouvrir avec le rateau, ou la herse, et il répugne à l'appréciateur d'une denrée de première nécessité, de recourir à des instrumens qui ne ménagent rien, et qui néanmoins paroissent faire beaucoup plus de mal, qu'ils n'en font réellement. On a prétendu que les sainfoins semés en automne périssoient souvent par le froid, et qu'il falloit par cette raison en retarder l'ensemencement jusqu'au printemps. Cette précaution pourroit être bonne dans les pays froids, tels que les départemens du nord, où cependant elle n'est pas usitée. Elle est encore moins nécessaire chez nous, qui avons des hivers plus doux et plus courts. Je ne me suis jamais apperçu que mes sainfoins aient souffert du froid ; et si j'en ai vu chez quelques particuliers, qu'on ait dit avoir péri de la gelée, je suis persuadé que leur insuccès provenoit de toute autre cause : ou la graine étoit mauvaise, ou elle avoit été enterrée trop profondément.

Il est donc avantageux de semer le sainfoin avec les céréales, et d'en effectuer l'ensemencement en automne. Voici la manière d'y procéder : la terre étant bien préparée, et surtout suffisamment ameublie, il faut semer le blé comme à l'ordinaire, mais en moindre quantité. On le couvrira avec l'*araire*, et aussitôt après on répandra la graine du sainfoin, à la volée, dans les proportions que nous avons indiquées. On traînera ensuite au travers des sillons une herse renversée, ou une planche suivie d'un fagot de buissons ; et les graines se trouveront suffisamment enterrées. On agira de même, à quelque époque que l'on fasse l'ensemencement, et on ne les couvrira pas davantage. Il seroit seulement nécessaire, si on les semoit seules, et que le terrain eût été applani auparavant, de herser deux ou trois fois, afin que les graines fussent recouvertes dans les sillons tracés par les dents de la herse. Si on les enterroit trop profondément , elles lèveroient plus tard, moins bien, et peut-être pas du tout. C'est ce qui est arrivé il y a quelques années, à un propriétaire d'E...... que j'avois engagé à tenter cette culture, et à qui j'avois fourni les graines nécessaires. Je lui avois indiqué la manière d'y procéder ; mais au lieu de suivre ce que je lui avois prescrit , il sema ensemble le blé et le sainfoin, et recouvrit le tout par un seul labour. Qu'arriva-t-il ? C'est que le sainfoin ne sortit de terre qu'au mois de mars de la seconde année, au moment où le fermier alloit mettre le troupeau dans le champ, et faire suivre la charrue, malgré les défenses que je lui en avois faites, et l'espoir que je tachois de lui donner , de voir enfin lever cette graine, de la qualité de laquelle j'étois assuré.

Le sainfoin ne tarde pas à lever, si l'état du sol lui est favorable, et que la température de l'atmosphère ne lui soit pas contraire. Suivons ses progrès dans ses diverses situations. Celui qu'on a semé avec le blé couvre à peine le sol à l'époque de la moisson, lors même que le terrain lui est le plus convenable. On doit enlever tout de suite les gerbes, parce que si elles demeuroient davantage , elles étoufferoient les plantes sur lesquelles elles reposeroient, et leur mort précoce feroit une lacune aussi désagréable que nuisible. S'il survient des pluies en cette saison , on peut faucher en septembre et livrer aux troupeaux les parties qu'on leur destine uniquement, et non les autres, parce que leurs dents meurtrières arrachent beaucoup de plantes qui n'ont pas encore eu le temps de s'enraciner. Il vaut mieux cependant retarder ces jouissances jusqu'après l'hiver, si la loi impérieuse du besoin n'en fait pas une nécessité actuelle. La soustraction de ce premier feuillage , est nuisible à la plante , et diminue la valeur des récoltes suivantes.

Le sainfoin qu'on a semé seul en automne , lève facilement , et doit demeurer intact jusqu'à la fin de l'hiver. Il entre alors dans toute la force de sa végétation , et donne bientôt des coupes abondantes. Si l'on a semé au printemps, la première fauchaison est retardée, et le produit de l'année moins abondant, en proportion du délai de l'ensemencement.

On peut, dans le courant du premier hiver, si la prairie a été semée sans mélange, ou pendant celui qui suit immédiatement la moisson, on peut, dis-je, y répandre un peu de fumier, si on en a les moyens, et que l'on désire se procurer des récoltes plus abondantes. J'ai déjà observé qu'elle pouvoit s'en passer à la rigueur; mais on en retirera un avantage certain, plus ou moins considérable, selon la plus grande ou la moindre quantité du sacrifice. L'hiver est l'époque la plus favorable pour employer le fumier, parce que les pluies et la fonte des neiges le dissolvant, le portent immédiatement aux racines. J'ai l'expérience bien acquise, qu'il est beaucoup plus profitable lorsqu'on le met sur les prairies dans cette saison. Lorsqu'on le met avant de semer, il peut devenir nuisible à la prairie, parce qu'il procure aux céréales une végétation vigoureuse, qui s'opère au détriment de celle de la prairie; l'une est toujours en raison inverse de l'autre. D'ailleurs, s'il règne dans le cours du premier été une sécheresse aussi considérable que commune, le fumier coopère avec la chaleur du climat, à brûler les racines superficielles et tendres des jeunes plantes. On ne doit mettre sur les prairies que du fumier menu et bien consommé; car s'il est trop gros, il ne produit presque aucun effet, et il rentre en partie au grenier à foin, avec l'herbe de la première fauchaison. J'ai éprouvé qu'il étoit très-utile, après l'avoir bien étendu, de le couvrir d'une couche légère de terre des fossés, ou autre, qui le garantit de l'action dévorante des vents et du soleil, et sert de plus à chausser les plantes, qui tendent toujours à s'élever au-dessus du sol; je puis dire sans exagération, que ce moyen double l'effet du fumier. J'observerai en passant, que rien n'est plus rare chez nous qu'un fumier bien fait et employé à propos...... Sans aller recourir à ees *composts* aussi bizarres qu'impratiquables, que l'anglomanie a voulu introduire chez nous, avec les *drills* ou semoirs et les *haehe-pailles*, que l'on doit regarder comme de futiles objets de mode, ncus devrions fixer enfin notre attention sur cette partie essentielle de l'économie rurale. Avec un mélange de terre et de fumier, que je fais entasser en mettant alternativement un lit de l'un et un lit de l'autre, je forme un engrais excellent pour toutes mes prairies.

Au retour de la belle saison, l'herbe reparoît avec une nouvelle vigueur; et bientôt après, ce brillant tapis de verdure se couronne de fleurs. C'est alors, quoiqu'on en dise, le

vrai moment d'y porter la faulx. Si on la cou-
poit plutôt elle n'auroit pas assez de consis-
tance ; plus tard elle deviendroit coriace,
perdroit une partie de ses feuilles, et seroit par conséquent moins profitable aux
bestiaux. Ce fourrage se sèche avec facilité;
on l'enlève dès qu'il est sec, et on le serre
dans des greniers, ou bien on l'entasse en plein
air. On obtient encore la même année une
seconde, et quelquefois même une troisième
coupe, lorsque le sol est de bonne qualité,
et que les pluies le secondent; si la dernière
est peu considérable, on peut la faire consommer sur place, par les troupeaux et les
bœufs, ou la faire enfouir comme engrais
végétal.

Jusqu'ici je n'ai entendu parler que du
sainfoin mis dans les terrains non arrosés ;
je dois observer que sa culture n'est guères
différente lorsqu'il jouit de l'arrosage. Dans ce
cas, après l'avoir semé, soit seul, soit dans
le blé, il faut creuser les rigoles qui doivent
conduire l'eau, et dresser les ados ou redoutes qui doivent la contenir. On arrose
ensuite, lorsque l'état du sol l'exige, et sur-
tout, immédiatement après la moisson. Il
produit alors dans notre climat, quatre ou

cinq coupes ; mais il perd en qualité , ce qu'il gagne en quantité. Il faut d'ailleurs beaucoup plus de fumier, parce que l'eau l'affame, comme on dit. Il vaut donc beaucoup mieux, à tous égards, le priver de l'arrosage et se contenter d'un moindre produit , dont on acheteroit l'augmentation trop cher. Le sainfoin arrosé rentre dans la classe des autres prairies, n'est pas plus productif qu'elles , et même vaut moins que la luzerne, qui peut avec ce secours rendre infiniment davantage.

Le genre sainfoin, *hedysarum*, contient plusieurs autres espèces, dont l'une, le sainfoin d'Espagne ou à bouquet, *hedysarum coronarium*, est cultivée pour fourrage en Espagne, à Malte et en Calabre. Il n'est guères connu ici que comme plante d'ornement dans les jardins, où on le cultive pour la beauté de ses fleurs. Je ne crois pas qu'il puisse devenir d'une utilité générale en agriculture ; il est trop délicat sur le choix du terrain et craint trop le froid, pour pouvoir être cultivé en grand. D'ailleurs, il n'a ni les tiges assez tendres, ni les feuilles assez nombreuses, pour former un bon fourrage.

§. II. *De la Luzerne.*

Quoique la luzerne ait été considérée par les Agronomes, comme la plante la plus propre à former les Prairies artificielles des Départemens méridionaux, nous n'avons que fort peu de terrains qui lui conviennent parfaitement. Nous ne pouvons lui consacrer avec fruit que les plus gras et les plus fertiles, d'après l'expérience, qu'elle ne donne dans les autres que des produits rares et chétifs, malgré qu'on lui prodigue les labours et les engrais. Elle y réussit mieux si l'on peut ajouter à ces secours, celui de l'arrosage. Mais après avoir déduit les frais d'établissement et d'entretien qu'elle occasionne alors, il se trouve que les profits qu'on en retire sont inférieurs à ceux du sainfoin, qui n'exige ni les mêmes soins, ni les mêmes dépenses, et qui laisse le sol dans un état plus prospère. Il convient cependant, d'après les raisons que nous avons données, de se procurer dans chaque ferme, au moins une petite étendue de ce genre de production, quand même le terrain lui conviendroit peu, et l'on ne doit rien négliger de ce qui est nécessaire pour en venir à bout.

D'abord après la moisson, ou du moins aussitôt que l'état du sol et les travaux importans de la saison le permettent, le champ qui lui est destiné doit être labouré. Cette première œuvre n'a pour but que de détruire les plantes qui croîtroient dans les chaumes, et les épuiseroient inutilement, et de faciliter les cultures subséquentes. A la fin de l'automne, ou dans le courant de l'hiver, on défoncera le terrain à une grande profondeur; on l'ameublira, autant qu'il sera possible, par des labours et des hersages croisés dans tous les sens, et on le fumera abondamment. Je ne saurois donner de règle certaine sur le nombre et la profondeur des labours, et sur la quantité des engrais. Je me contente de dire que le terrain ne sauroit être trop profondément labouré, ni assez ameubli et fumé. J'observe seulement qu'au lieu d'employer tout le fumier la première année, comme le pratiquent quelques cultivateurs, qui en mettent jusqu'à une charretée par *are*, il vaut mieux en réserver une partie pour les années suivantes, afin d'en prolonger les effets, et de peur qu'une trop grande quantité mise à la fois, ne brûle les racines de la jeune plante.

(45)

Au commencement ou à la fin de mars, dès qu'on croira n'avoir plus de gelée à craindre, on sèmera la graine après ou avant une petite pluie. Il faut choisir celle qui est pesante, jaune, luisante, purgée avec soin de toute graine étrangère, sur-tout de *cuscute*, et fraîchement récoltée. On réserve sur la deuxième coupe d'une luzernière dans toute sa vigueur, la partie qu'on destine à fournir la graine. On la cueille à la main, lorsqu'elle est mûre, pour la préserver de tout mélange. Le fleau ne sert qu'imparfaitement à la débarrasser de sa capsule; il vaut mieux avoir recours à la meule d'un moulin à huile. Dans les pays où l'on cultive la luzerne seulement dans les jardins, on la sème en pépinière, et on la repique en rayons distans de vingt-cinq centimètres l'un de l'autre, qui donnent la facilité de la sarcler, et de la biner aussi souvent qu'il est nécessaire. Elle y acquiert un développement qu'on ne sauroit imaginer ailleurs. Cette méthode impraticable dans les cultures en grand, devroit être employée pour la production de la graine, afin d'en perfectionner l'espèce.

Il faut environ quatre décalitres de graine par hectare, terme moyen à établir entre ceux qui en mettent, les uns plus, et les autres moins. Comme elle est très-menue, le semeur doit être très-soigneux à la répandre également. Je ne suis point de l'avis de ceux qui la mêlent avec de la terre ou de la cendre, m'étant apperçu que l'addition de ces substances dont la pesanteur spécifique est très-différente, gêne l'opération et la rend imparfaite, au lieu de la faciliter.

On la sème aussi quelquefois en automne, pour gagner une année. On doit préférer cette époque toutes les fois que l'on a pu préparer la terre assez tôt, pour que la plante ait le temps de se fortifier avant l'hiver, et de résister au froid. Mais dans notre climat, rarement la terre se trouve-t-elle alors assez humide et meuble pour favoriser la germination. Si une pluie légère en humecte la surface, et fait germer la graine, peu de jours après, le soleil, encore fort, la dessèche et la fait périr.

C'est une spéculation mal entendue que de semer la luzerne avec des céréales ou autres plantes annuelles, à moins qu'on ne manque de terrains propres à être emblavés. La place qu'elles occupent se remplit bientôt après de plantes parasites, qu'il est ensuite très-difficile

d'extirper. On ne doit se permettre ces mê-
langes que lorsqu'on se propose de laisser
subsister la luzernière , seulement pendant
quelques années.

Dans un terrain pareil à celui que nous
avons exigé, et avec les précautions ci-dessus
indiquées, ses récoltes se succèdent avec rapidité, et dédommagent amplement par leur
nombre et leur abondance , des dépenses
faites pour son établissement. On fait jusqu'à
six coupes, si le terrain est frais ou arrosé ;
et c'est bien le cas de dire avec M. le Sé-
nateur François (de Neufchâteau) :

» Sous les pas des Faucheurs elle renaît sans
   » cesse ; . . . .

» Sous la dent des moutons elle renaît
   » encore ».

Dès que la plante montre sa fleur, il faut
la faucher, dit-on ; cette règle donnée en général par tous les Agronomes, n'est pas toujours exacte, et mérite quelques exceptions.
Elle n'est point applicable à la première coupe
qui doit être faite de bonne heure, et avant
la floraison, afin que la plante talle et s'é-
paississe davantage. A la troisième et qua-
trième coupe, il arrive souvent que la vé-

gétation paroît s'arrêter, et la luzernière languir avant que la fleur paroisse. Il sort dans ce cas, du collet de la racine, un grand nombre de rejetons qui n'attendent plus que le retranchement des vieilles tiges, pour s'élever avec vigueur. Dès qu'on apperçoit que la plante cesse de croître, et que le pied se garnit de nouveaux jets, il faut la faucher sans différer d'un jour; et l'on perdroit un temps précieux pour attendre le développement des fleurs, qui ne se feroit qu'incomplétement et fort tard.

Le fanage de la luzerne est plus long et plus difficile que celui du sainfoin. A la moindre pluie ou rosée, elle blanchit, et perd une partie de sa valeur. Il seroit très-imprudent de renfermer ce fourrage avant qu'il fût parfaitement sec, parce que la fermentation qui s'y établiroit le détérioreroit, et pourroit même donner lieu à un incendie spontané, comme il est arrivé plusieurs fois.

Une luzernière que l'on établit dans un terrain sec et de qualité médiocre, ne donne, année commune, que trois coupes. On augmente ses produits si on l'arrose; mais tout est à peu près compensé. Le fourrage en a moins de valeur, la prairie ne dure pas
au-delà

au-delà de quatre ou cinq ans , et la terre
en souffre. On doit être fort avare de l'eau ,
n'en donner que la quantité strictement nécessaire , dans l'extrême besoin , si l'on ne
veut ruiner la terre et faire périr la prairie
en peu de temps. C'est sur-tout la première
année où il convient de ne pas l'arroser , sans
quoi elle s'épuise par une croissance forcée , et
se remplit d'une infinité de graminées agrestes,
le fleau le plus pernicieux et le plus difficile
à extirper.

§. III. *Du Trèfle.*

Le trèfle désigné par les épithètes synoni-
mes de grand, commun , pourpré, de Hol-
lande , des prés , etc., ne peut être d'un
usage général pour nous , parce que nous
n'avons que fort peu de ces terrains humides
et argileux qui lui conviennent , et que la
culture la plus soignée ne peut le faire prospérer dans les autres. Il n'y sort que difficilement , et en petite quantité. La première
pousse ne s'y élève guères au-dessus de vingt-
cinq centimètres, et la seconde se dessèche
ou fleurit avant d'avoir atteint trois ou quatre
travers de doigt de hauteur. Des irrigations
abondantes et souvent répétées peuvent seules

suppléer au défaut d'humidité naturelle , et
le font prospérer dans tous les terrains, mais
elles les épuisent à mesure que le fumier nécessaire à sa prospérité les engraisse.

Le champ destiné au trèfle doit être labouré avant l'hiver , afin que l'action suc-
cessive des pluies et des gelées ameublisse la
terre , et dispense des travaux nécessaires
pour diviser les mottes ordinairement fort
grosses dans ces terrains argileux. Il ne peut
guères se passer de fumier , sur-tout si l'on
doit arroser ; mais il n'est pas besoin de le
choisir menu et consommé , puisque celui
qui est gros et pailleux a l'avantage de s'opposer au resserrement de cette terre. Les engrais calcaires lui seroient plus applicables,
eu égard à sa nature. Le plâtre qu'on emploie
ailleurs avec tant d'avantage, est-il réellement
inutile ici, comme on le dit généralement ?
J'ai entrepris sur les effets de cet engrais
des expériences qui me donnent quelque
espoir de succès ; mais elles ne sont pas encore
assez étendues, pour que j'ose les mettre au
jour. Je me réserve de le faire dans un autre
temps.

Le trèfle résiste au froid beaucoup plus
qu'à la sécheresse ; il faut en conséquence le

semer de bonne heure à la fin de l'hiver, ou en automne. Il convient néanmoins de retarder l'ensemencement jusqu'au printemps, si l'on doit semer sur un sol très-humide où l'eau peut séjourner, de peur que la graine ne se pourrisse.

La graine doit être d'une couleur jaune dorée, et pesante. Il faut la récolter sur la deuxième pousse, et la conserver dans son enveloppe, avec laquelle on peut la semer. Il suffit d'en mettre trois décalitres et demi par hectare, quoiqu'il y eût moins d'inconvénient à augmenter cette quantité qu'à la diminuer. Après l'avoir répandue à la volée aussi uniformément qu'il est possible, on la couvre avec la herse ; et même, si le sol est trop humide pour qu'on puisse s'y introduire, on se borne à la répandre ; elle s'enterre d'elle-même, et leve presque aussi bien. Il est des pays où on la sème ainsi sur la neige, sans qu'elle manque de prospérer.

Cette plante s'associe avec d'autant plus de facilité avec les céréales, qu'elle a plus que toute autre la faculté de s'étendre, et de remplir toutes les places vides.

On fauche le trèfle par un temps sec bien décidé, de peur de tout perdre, par rapport à la difficulté du fanage. La moindre pluie fait moisir, noircir et détacher les feuilles, et rend très-mauvais ce fourrage, assez bon lorsqu'il est bien préparé. Dans cet état de détérioration tous les bestiaux le rebutent, et il n'est pas seulement propre à servir de litière, parce qu'il se réduit à rien.

Une *tréflière* bien entretenue fournit trois coupes dans les terrains qui lui sont propices, et dans ceux qu'on arrose ; une ou deux dans les autres; mais dans ceux-ci l'herbe est quelquefois si courte, que la faux ne peut la saisir. Il convient alors de la faire pâturer par les bœufs, qui en sont très-friands. On doit faire consommer de même la dernière coupe des plus belles, lorsqu'on prévoit trop de difficulté pour la faire sécher. Le trèfle vert est d'ailleurs la nourriture la plus convenable à ces animaux, qui s'accommodent mal des alimens secs, et préfèrent des fourrages frais , plus conformes à leur tempérament.

Le trèfle est très-propre à entrer dans nos assolemens à court terme, parce qu'il fait tous ses efforts la première et la seconde année, et qu'on peut le défricher à la troisième;

par ce moyen on ne perd tout au plus qu'une récolte de blé.

§. IV. *Du Fromental.*

Cette graminée préconisée, il y a trente ans, sous le nom de *faux froment*, *faux-seigle*, *ray-grass*, fut confondue avec plusieurs autres plantes de sa famille, desquelles on la distingua enfin par la dénomination plus convenable de fromental, ou avoine élevée, *avena elatior.* C'est de toutes les graminées celle qui parvient à la plus grande hauteur, ainsi que son nom l'indique; et elle prévaut encore parmi elles, par d'autres avantages qui ne sont pas moins précieux. Elle vient dans les terrains légers et pierreux, où elle forme au moins un bon pâturage, si elle n'est pas propre à être fauchée. Placée plus convenablement sur un sol pareil, mais un peu humide, elle donne trois coupes d'un fourrage agréable à tous les bestiaux, peu nutritif à la vérité, mais très-rafraîchissant. On peut la faucher aussi souvent qu'on veut; elle repousse en tout temps, excepté durant les fortes gelées, qui ne font que la flétrir, sans qu'elle soit pour cela refusée par les bestiaux.

On trouve peu dans nos contrées brûlantes le fromental semé seul, pour former une prairie, soit passagère, soit permanente, ainsi qu'on le pratique dans quelques pays, où l'humidité habituelle de l'atmosphère favorise singulièrement la végétation des graminées. La sécheresse du nôtre s'oppose en général à cette culture, et nous force à la circonscrire dans le petit nombre de lieux qui lui sont convenables, où il peut encore nous présenter de grands avantages. Nous n'avons point de meilleur moyen pour utiliser les terrains pierreux, élevés, en pente ou en plaine, aqueux pendant l'hiver ; il y produira des récoltes d'autant plus abondantes, qu'une humidité salutaire s'y soutiendra d'avantage pendant l'été. Dans ceux qui sont plus secs, il pourra rarement être fauché, mais il produira un pâturage excellent et très-utile. C'est le meilleur parti qu'on puisse tirer de ces terrains de peu de valeur, qu'on trouve souvent dans les vastes domaines, qui ne produisent presque rien, et qu'on laisse souvent incultes, sur-tout si l'excès d'humidité les rend impropres à la vigne ou à l'olivier. On peut y destiner avec non moins d'avantages, ces champs éloignés du manoir, dont l'exploitation feroit perdre un temps considérable en allées et venues, pour cultiver, transporter les engrais, les récoltes, et ceux situés en pente, qui sont exposés à être dégradés par les pluies à chaque labour; mais je ne conseillerois point de mettre en ce genre de culture les terres à blé, parce que les autres prairies leur conviennent mieux et y produisent davantage, et que les céréales leur succèdent avec plus de profit.

Après avoir préparé la terre par plusieurs labours en automne et en hiver, et fumé médiocrement, on sème la graine de fromental au printemps, à la volée. Il faut choisir un jour très-calme, de peur que le vent ne l'emporte; la répandre avec profusion, car elle ne peut être trop épaisse. Cent kilogrammes par hectare, sont à peine suffisans. Elle sort bien pourvu qu'elle soit récente, grise foncée, pesante, et déposée dans une terre bien divisée.

Le fromental dans un terrain convenable s'élève à plus d'un mètre, et donne ordinairement trois coupes. On le fauche dès qu'il est en fleur ; cette époque est de rigueur. Si on la laisse passer, la tige se dessèche, la racine s'épuise, et ne donne plus que des rejets foibles. Lorsque les deuxième et troisième coupes sont peu élevées, il est plus profitable de les faire consommer sur place, d'autant mieux que c'est de tous les fourrages, le plus propre à être brouté sans inconvénient, dans tous les temps et par tous les bestiaux, sur-tout par les bœufs. Comme le fromental a été semé fort épais, il demeure long-temps seul sur ce terrain, qui finit cependant par se garnir peu-à-peu d'autres herbes, et devient ainsi ce que nous appellons un pré-gazon. On peut le laisser subsister un grand nombre d'années et le défricher en suite, à moins que la situation et la nature du sol ne s'y opposent. On lui donne pour successeur le blé, ou mieux encore, les racines et légumes alimentaires, les pommes de terre, fèves, pois, haricots, etc., qui y prospèrent pendant très-long-temps.

§. V. *Du Pré-Gazon ou Pré-Permanent.*

J'ai cru devoir mettre au nombre des Prairies artificielles, les prés-gazons ou prés-permanens, composés de graminées vivaces qui en font la base, et de plusieurs autres plantes de diverses familles. Je diffère en cela de l'avis de quelques Agronomes , qui les ont compris sous le nom de prairies na-turelles , que je pense devoir être réservé à celles qui croissent sans le secours de l'homme.

Le pré-gazon est la Prairie artificielle la plus estimée et la plus recherchée de nos cultivateurs , quoique la moins appréciable selon moi; car il est long et difficile à établir; il exige l'arrosage , ou ne produit que très-peu ; son foin peu nutritif est insuffisant pour soutenir les bêtes dans leurs travaux sans le secours de l'avoine ; il ne se prête pas à nos assolemens par la longévité qu'on est obligé de lui accorder, et par sa ressemblance avec les céréales; et enfin il demande beaucoup de fumier, sans lequel il ne produiroit rien. Ces inconvéniens doivent le faire reléguer dans les très-rares localités , où il n'y a pas d'autre prairie admissible, et n'en laisser éta-blir qu'une petite quantité dans chaque ferme, où il peut être nécessaire, pour rafraîchir par fois les bêtes échauffées par le travail , la chaleur de la saison, ou l'usage de la lu-zerne. Si donc près d'une eau courante il se trouve un terrain pierreux et mauvais et sujet à être inondé , ou situé en pente et ex-posé à être dégradé par les pluies , il faut y établir un pré , et l'y entretenir le plus long-temps possible. J'ai par ce moyen et à ma grande satisfaction , décuplé la valeur d'un mauvais terrain qui est situé à l'entrée d'une de mes propriétés , et qui étoit auparavant aussi improductif que désagréable à la vue.

On emploie ordinairement à la formation du pré-gazon un mélange de graines de trèfle et de fromental , auxquelles on ajoute des balayures de grenier à foin. J'ai vu un particulier , qui , après avoir fumé et applani son terrain, n'y semoit rien, et attendoit qu'il se garnît naturellement de plantes , en suffisante quantité.

Au bout de quelques années le trèfle disparoît ; le pré se trouve dégarni et ne produit presque plus rien , jusqu'à ce qu'il ait été remplacé par d'autres plantes dont les graines se trouvent dans la terre , ou y ont été apportées soit par les vents , soit par les eaux , soit dans les fumiers : de sorte qu'après un certain temps, quelles que soient l'espèce et la diversité des graines que l'on a employées pour former le pré, il ne s'y trouve plus qu'un petit nombre de celles qui le composoient primitivement ; et l'on voit à

leur place une cinquantaine d'autres plantes,
parmi lesquelles il s'en trouve peu de bonnes,
beaucoup d'inutiles, et plusieurs dangereuses.

Frappé de ces inconvéniens qui résultent
de la trop courte durée du trèfle, dont la
place demeure vide après sa mort , et se
remplit insensiblement de plantes autres que
celles qu'on désiroit y voir, j'ai cherché à
y remédier. J'ai semé des prés avec diverses
espèces de graines, mais sans beaucoup de
succès remarquables. J'ai observé qu'il existe
toujours dans chaque prairie quelque plante ,
qui l'emporte sur les autres en nombre et
en force de végétation ; qu'elle n'est pas cons-
tamment la même pendant plusieurs années
de suite , et qu'elle finit par céder sa place,
sans que le maître y coopère : d'où je tire
la conséquence évidente, que la composition
future d'un pré ne dépend pas en entier du
choix primordial des graines ; qu'il est impossible d'y perpétuer toujours la même espèce
de plantes , et qu'on ne peut s'opposer qu'a-
vec peine, à la multiplication de celles qui
y croissent spontanément, qu'il faut favoriser
si elles sont bonnes , leur variété étant le
principal mérite du foin ; et qu'il faut arracher si elles sont mauvaises.

Ces vérités incontestables doivent nous convaincre qu'il suffit de former la base de nos prés avec un petit nombre de plantes, bonnes, de longue durée, et dont la floraison ait lieu à la même époque ; qu'il faut en proscrire rigoureusement toutes les plantes annuelles, bisannuelles, toutes celles qui sont trop peu vivaces, et qui douées d'une végétation vigoureuse dans le court espace de leur vie, tendent à étouffer leurs voisines, s'emparent de tout le terrain, et le laissént bientôt vide par leur propre mort, et enfin qu'il faut abandonner à la nature le soin de les peupler, et se borner à la destruction de tout sujet inutile ou dangereux.

D'après ce principe, je regarde comme la plante la plus essentielle dans la formation d'un pré, le fromental, auquel on peut joindre quelques autres graminées, telles que l'ivraie vivace, *lolium perenne*; la flouve odorante, *anthoxanthum odoratum*; le foin élevé, *aira cespitosa*; j'en proscris le trèfle, qu'on a malheureusement l'habitude d'y mettre avec profusion, et qui ne doit être cultivé que seul. J'admets malgré leur petitesse deux espèces de ce genre, le trèfle rampant, *trifolium repens*, et un autre à fleurs blanchâtres

comme lui, le *trifolium procumbens* ; ils sont
l'un et l'autre très-vivaces, et durent long-
temps. Je rejette la luzerne, quoiqu'on dise
qu'elle est nécessaire pour orner le foin ; sa
végétation trop rapide ne coincide point avec
celle des graminées, toutes lentes dans leur
marche. Je fais grand cas de quelques vesces
qui sont très-vivaces, comme la vesce multi-
flore, *vicia cracca* ; la vesce des haies, *vicia
sepium*, ainsi que de plusieurs espèces des
genres coronille, *coronilla* ; lotier, *lotus* ;
orobe, *orobus*, etc. Malheureusement, il est
souvent impossible de se procurer des se-
mences de ces plantes, à moins qu'on ne les
fasse cueillir soi-même, par des personnes capables de les distinguer dans les prairies,
dont on retarde à cet effet la fauchaison. On
ne trouve guères dans le commerce, que
celle de fromental, qu'on emploie seule à
défaut des autres, et qui peut suffire à la rigueur, pour former un bon pré. J'en semai
un, pour essai, il y a quatre ans, avec cette
seule plante ; il n'y eut la première année
que des produits assez médiocres ; mais ils
ont été augmentés progressivement, par la
naissance d'une infinité d'autres plantes. Je
conseille cette méthode commode et préférable

à celle, malheureusement trop générale, qui consiste dans le mélange de fromental, de trèfle, et de balayures de grenier à foin, qu'on doit rejetter, parce qu'elles ne contiennent que les graines de quelques herbes plus souvent nuisibles qu'utiles, montées en graine à l'époque des fauchaisons, qui se règlent toujours sur la floraison des meilleures, avant leur maturité.

Le champ qu'on veut convertir en prépermanent doit être préparé avec soin, c'est-à-dire, épierré, bien ameubli, suffisamment fumé et sur-tout bien applani; mais il n'a pas besoin d'être beaucoup creusé, parce que la plûpart des plantes qu'on y sème, ne s'étendent pas profondément. J'ai remarqué cependant que la profondeur des labours ne leur étoit rien moins que désavantageuse. L'ensemencement se fait au mois d'avril, à la veille d'une pluie, ou immédiatement après. On doit employer quatre-vingt à quatre-vingt-dix kilogrammes de graine de fromental, qu'on diminue en proportion, si l'on ajoute quelqu'une des autres espèces ci-dessus recommandées. Une graine aussi légère demande à être peu enterrée; il ne lui faut que le passage de la herse, suivie d'un rouleau.

Aussitôt après on creuse les canaux d'é-
coulement si le terrain est sujet à être inondé,
ainsi que les rigoles qui doivent servir à l'arrosage. Afin de le rendre plus facile, et de
répandre l'eau plus également, il faut diviser
le champ en planches étroites, au moyen
de petits ados. Dans le cas où le sol seroit
très - inégal il faudroit en faire une espèce
d'amphithéatre, au moyen de fortes redoutes,
qui aboutiroient toutes à la principale rigole
d'arrosage. On ne sauroit attacher trop d'attention à ce soin indispensable ; car si l'irrigation n'est pas uniforme, si l'eau passe en
courant en certains endroits pour aller crou-
pir dans d'autres, ils en souffriront les uns
et les autres, et on leur prodigueroit tous les
autres amendemens sans jamais en retirer des
récoltes satisfaisantes. Les premières irrigations, le meilleur de tous les niveaux, indi-
queront les erreurs que l'on pourra avoir
commises, et on y remédiera en transportant
dans les lieux les plus bas, de la terre prise
dans le voisinage, ou bien dans les élévations,
du pré même, dont on enlève, à cet effet
avec la houe, la couche de gazon, que l'on
replace ensuite, après avoir pris autant de
terre qu'il est nécessaire, pour égaliser la to-

talité de la superficie ; il en souffre fort peu, et s'enracine de nouveau, pourvu que cette opération se fasse au commencement de l'hiver.

Les prés établis sur un sol sablonneux ou pierreux de peu de profondeur ont besoin d'être souvent arrosés. On doit avoir l'attention de ne pas leur donner une trop grande quantité d'eau à la fois, et en être encore plus avare à la troisième pousse. Comme le soleil est moins ardent à cette époque, une humidité trop prolongée par les pluies et les brouillards dévore la substance du fumier, et porte autant de préjudice au sol qu'à la qualité du fourrage. L'eau trouble est avantageuse si elle charrie un limon gras et fertile ; mais elle est nuisible si elle laisse un dépôt infertile qui bouche les pores des plantes et les fait étioler.

Je n'ai jamais éprouvé ces irrigations d'hiver destinées à couvrir l'herbe de glace, et à la garantir de la gelée. J'ai lu les éloges qu'en ont fait quelques Agronomes, mais je n'en ai pas meilleure opinion pour cela.

La récolte de ce fourrage se fait comme celle des autres. On doit faucher dès que la majeure partie des plantes, sur-tout des gra-
miuées

minées est en fleur , et faner avec autant de soin que de célérité.

Les irrigations réitérées qu'exigent les prés dans notre climat, les auroient bientôt épuisés , si on ne les réparoit par des engrais , au moins de deux années l'une. On doit les fumer, dès que les regains sont mangés , avec du fumier bien divisé. C'est ici sur-tout qu'il est nécessaire de le couvrir de terre , soit pour le conserver , soit pour chausser les graminées qui en ont le plus grand besoin, soit pour étouffer les mousses et autres petites plantes parasites. Les boues des villes , des mares, et des étangs , les gravois , les cendres , la suie et les terres neuves des montagnes sont aussi de bons engrais pour toutes les prairies.

Un pré-gazon établi et soigné comme il est prescrit ci - dessus se maintient sans jamais déchoir. Nous en avons qui existent depuis des siècles , et qui donnent toujours de bons produits. On peut les laisser subsister tant qu'on veut, et je recommande d'en perpétuer la durée dans les positions que j'ai indiquées comme n'étant propres qu'à ce seul genre de production. Je n'ose même conseiller de défricher les autres, pour en former de nouveaux, qui de long-temps ne remplaceroient les anciens avec avantage ; mais j'assure que leurs défrichemens produisent des récoltes de blé immenses et incroyables, tant ils améliorent les sols sur lesquels ils vieillissent. J'en ai vu qui ont porté pendant vingt ans du blé et du maïs, sans jamais se rebuter et sans recevoir aucun engrais.

§. VI. *Des Plantes annuelles que l'on cultive pour faucher, ou consommer sur place, ou enfouir comme engrais.*

Les prairies dont nous nous sommes occupés jusqu'à ce moment, sont toutes composées de plantes vivaces ; mais il est quelquefois nécessaire de recourir aux annuelles, qui peuvent être plus convenables dans certaines circonstances, par leur courte durée, la rapidité de leur végétation, et la faculté de pouvoir être semées dans une saison déjà avancée. Si, par exemple, quelques-uns de nos champs semés en automne ont trompé nos espérances, et que leurs récoltes aient péri soit par la constance des sécheresses, soit par la rigueur de l'hiver, et qu'on ne puisse ou ne veuille les remplacer par d'autres de même espèce ; si, par des causes imprévues, ou par un reste de condescendance pour l'ancienne routine, une partie des chaumes subsiste encore au printemps ; si, en un mot, il reste à cette époque quelque place vide dont on puisse disposer, on l'emploira avantageusement à la culture de la vesce commune, *vicia sativa* ; du sarrasin, *polygonum fagopyrum*, qu'on pourra, à volonté et selon les besoins, faucher pour fourrage sec, faire consommer sur place, ou enfouir pour engrais ; l'ers, *ervum ervilia*, présente non moins d'avantages, et peut être cultivé et employé de même, ainsi que le lupin, *lupinus albus*. Quelques-unes de nos graminées annuelles peuvent aussi recevoir la même destination.

La vesce commune peut être semée sur un terrain convenablement préparé, depuis le commencement du printemps jusqu'au mois de juillet. Il est même une variété, dite d'hiver, qu'on peut semer en septenbre, parce qu'elle résiste au froid. On retarde ou l'on avance la fauchaison, suivant que l'on veut ou la faire grainer, ou la couper pour fourrage, ou l'enfouir. Dans le premier cas, on attend que le grain soit entièrement formé, et la gousse mûre : dans le second, on la coupe lorsque la fleur commence à passer; et dans le troisième, on attend la même circonstance pour l'enterrer avec la bèche ou la charrue, après l'avoir fauchée si elle est belle. Dans ce dernier emploi, c'est une récolte qu'on sacrifie momentanément, pour en retirer le plus grand produit dans la suite. Elle fournit l'engrais le plus économique et le plus facile à mettre en œuvre ; et le froment qui lui succède est plus beau , toutes choses égales d'ailleurs, que celui qu'on auroit semé sur la jachère , avec du fumier acquis à grands frais. Ce que je viens de dire s'applique exactement à l'ers et au lupin.

On ne sème presque jamais la vesce seule, lorsqu'on veut en faire un fourrage. Ses tiges trop foibles plient sous le poids de ses nombreuses feuilles , versent et se pourrissent , pour peu que la saison soit humide. Pour prévenir cet inconvénient, on l'associe avec l'avoine , à laquelle elle s'attache par ses vrilles, et qui lui sert de soutien. Ce mélange, connu sous le nom de *Barjelade*, est la prairie la plus usitée dans nos contrées, soit parce que, presqu'indifférente sur le choix du terrain, elle vient par-tout, avec diversité néanmoins de produit, soit parce que, parcourant rapidement le cercle de sa végétation dans un temps où les pluies sont le plus communes, elle donne en peu de mois un fourrage abondant, et ne trouve d'obstacle ni dans la sécheresse de notre climat, ni dans la brièveté des baux qui s'oppose à l'établissement de prairies de longue durée.

On lui destine ordinairement les meilleurs terrains, un peu frais sans être humides; la fane épaisse de la vesce s'y pourriroit pour peu que les pluies fussent fréquentes. Les bons cultivateurs préparent la terre par un léger labour à l'*araire*, immédiatement après la moisson, et par un labour profond à la char-rue ou au *coutrié*, au moment de semer. D'au-tres, et c'est le plus grand nombre, négligent la première œuvre, et se bornent à la se-conde, sans qu'il se rencontre, disent-ils, une grande différence dans les produits. Avant le dernier labour, on répand sur le terrain une couche légère de fumier d'étable ou de bergerie. Une dose médiocre suffit; son excès dans un bon terrain ne seroit pas sans in-convénient ; il procureroit à la vesce une vé-gétation trop vigoureuse qui la feroit verser et pourrir, ou tout au moins rouiller ; d'où résulteroit une nourriture moins abondante, de mauvaise qualité, et qui seroit dédaignée par tous les bestiaux.

Pour former la barjelade, on mêle avec l'avoine différentes variétés de la vesce commune. On en compte trois qui sont généralement connues : on les distingue 1.º en vesce d'hiver, 2.º vesce printanière du pays, qu'on sème au printemps et dans l'été, et que je crois être la vesce commune elle-même ; 3.º vesce de Lyon ou de Bourgogne, qui tire son nom des lieux d'où vient sa graine. Elle est, comme la précédente, annuelle et de printemps. On donne la préférence à la première, celle d'hiver, lorsqu'on a besoin de se procurer un fourrage hâtif. On la sème en septembre ou en octobre pour la faucher en mai. Celle du pays produit plus de graines que celle de Lyon, mais elle donne moins de fourrage : ce qui doit nous faire rechercher cette dernière, dont l'époque de la floraison coincide d'ailleurs mieux avec celle de l'avoine.

Quelle que soit l'espèce de vesce que l'on emploie, sa proportion avec l'avoine doit être de deux tiers de vesce et un tiers d'avoine. C'est le terme moyen qui cependant n'est pas de rigueur : on peut s'en écarter sans de grands inconvéniens ; mais il faut toujours que la vesce prédomine, soit parce que son grain est plus gros, soit parce qu'elle produit davantage que sa compagne, qu'on ne lui associe que pour lui servir d'appui.

Aussitôt que la terre est suffisamment préparée, c'est-à-dire, en septembre, si l'on emploie la variété d'hiver, et dans la première quinzaine de mars, si l'on se sert de l'une des deux autres, on sème la graine à la volée ; un double décalitre suffit pour dix ares. On la couvre avec l'*araire* et on passe le rouleau.

On attendra pour faucher, que l'épi de l'avoine et la gousse de la vesce soient formés, sans cependant qu'ils soient parvenus à leur maturité. Il faut que l'une et l'autre plante soient à demi-grain. Plutôt, le fourrage ne seroit ni assez copieux, ni assez nourrissant ; plus tard, il diminueroit en quantité par la perte des feuilles, et en qualité par son endurcissement. Fauchée en temps convenable et fanée avec soin, la barjelade est un fourrage excellent ; tous les bestiaux la recherchent avec avidité, et y trouvent une très-bonne nourriture. On ne lui reconnoît qu'un seul inconvénient, c'est de ne pouvoir être

conservée l'hiver, et de devenir la proie des
rats, qui attirés par l'appât du grain à demi
formé, rongent les épis et les siliques, dont
les débris sont rebutés par les bestiaux. Pour
diminuer leurs ravages, il faut en faire des
meules en plein air, ou l'entasser au milieu
des greniers.

Le sarrasin, par la rapidité de sa végétation qui s'achève en trois mois, par sa faculté
de venir sur toute espèce de terrains , même
les plus mauvais, avec les moindres labours,
de pouvoir être semé et de végéter au milieu
de l'été dans les terres les plus sèches , mérite une attention particulière de notre part,
et son admission dans nos assolemens. On
peut le semer sur les jachères dans le courant de l'été après une récolte printanière,
ou dans les chaumes après la moisson, sur
un léger labour. Deux hectolitres de graine
suffisent pour un hectare.

Il donne, si on l'enterre, lorsqu'il est en
fleur, un bon engrais ; si on le fauche, un
fourrage qui n'est point sans prix, sur-tout
dans les années calamiteuses, où la grêle et
les inondations détruisent les autres prairies,
qu'on peut remplacer facilement par celle-ci ;
et si on le coupe à l'époque de sa maturité,

il fournit un grain qui peut servir à la nourriture de la volaille, des bêtes de labour et même des hommes. Ses fleurs qui durent pendant plus d'un mois, sont une ressource précieuse pour les abeilles, à la fin de l'été, lorsqu'elles n'en trouvent plus d'autres (1). On retire par des procédés chimiques très-simples, de ses tiges desséchées, un carbonate de potasse utile dans les arts.

Quelques-unes des graminées annuelles que nous cultivons ordinairement pour en récolter les grains, peuvent servir de pâturage dans l'hiver, et être ensuite fauchées pour donner un fourrage vert ou sec. L'orge, l'avoine et le seigle sont propres à cet objet. Il faut les semer dru au commencement de septembre si on leur donne l'une et l'autre destination, et en février si on se borne à en tirer le dernier parti. On la coupe à fur et à mesure des

____

(1) J'en sème exprès pour ce dernier objet, et il m'a donné les moyens d'augmenter de beaucoup mon rucher, que j'aurois été obligé de réduire sans ce secours, parce qu'il est dans une position peu favorable, éloigné des montagnes. J'espère cependant qu'il fera bientôt l'admiration de la contrée, autant par le nombre et la forme des ruches dont il est composé, que par ma manière de les gouverner.

besoins, pour les animaux que l'on veut mettre au vert , ou bien on les fauche dès qu'ils sont à demi-grain, pour les faire sécher. Les fromens semés de bonne heure dans des terres fertiles, doivent, lorsqu'ils sont trop beaux, être pâturés durant l'hiver. Au lieu d'en souffrir le moindre préjudice, la récolte des grains n'en est que plus belle et plus assurée.

Le maïs peut aussi être cultivé pour fourrage. Il faut lui destiner un terrain bon de sa nature , et amélioré par les engrais. Après avoir labouré profondément, on le sème dru à la volée , depuis le mois d'avril jusqu'en août, pourvu que le terrain soit humide ; et il donne en deux mois , un fourrage aussi précieux par sa quantité que par sa qualité. C'est la meilleure nourriture fraîche que l'on puisse donner à tous les bestiaux , sur-tout aux vaches et aux jumens poulinières, dont il augmente le lait. On le fauche dès qu'il commence à montrer son panicule : c'est en vain que l'on voudroit le convertir en fourrage sec ; la grosseur de ses tiges s'y oppose, autant que la dureté qu'elles acquerroient par la déssication. Il épuise beaucoup le terrain ; mais on remédie à cet inconvénient, en béchant chaque jour la partie que l'on a fau-

chée. Je recommande cette pratique excellente, pour toutes les prairies que l'on fait
consommer en vert, soit sur place, soit au
ratelier.

D'après ce que j'ai lu sur la lupuline, *medicago lupulina* ; le fenu - grec , *trigonella
fœnum-græcum*, et le mélilot commun, *trifolium melilotus officinalis* , je pense que ces
plantes pourroient être admises chez nous ;
mais ne les ayant jamais cultivées, je me
borne à les indiquer. Je passe sous silence,
par la même raison, la pimprenelle, *poterium
sanguisorba*, et la grande chicorée , *cichorium intybus*, avec d'autant moins de peine
qu'au milieu des éloges qu'elles ont reçus, il
est reconnu que la première ne foisonne pas
assez, et que la seconde ne peut être consommée qu'en vert , ne forme dans notre
climat qu'un mince pâturage, et donne mauvais goût au lait.

§. VII. *De quelques autres parties des
végétaux qui peuvent être employées pour
fourrage.*

Quoique j'eusse pu me dispenser de parler
des racines dites fourrageuses qui sortent de
mon sujet, d'après ma définition, et qui sont

d'ailleurs plus employées à la nourriture de l'homme, je veux cependant en dire un mot, pour ne rien omettre de ce qui peut être utile aux bestiaux. La pomme de terre, *solanum tuberosum* ; le topinambour, *helianthus tuberosus* ; la carotte, *daucus carota* ; la grosse rave ou turneps, *brassica rapa*, et la bette-rave, *beta vulgaris*, sont recommandés par plusieurs agronomes, comme substances éminemment nutritives, et très-propres à la nourriture des bestiaux. C'est sur-tout en hiver pendant la privation des autres pâtures fraîches, qu'ils servent à les nourrir, et même à les engraisser. S'ils les rebutent au premier moment, ils y sont bientôt accoutumés, et en deviennent très-avides.

La pomme de terre est trop connue ainsi que sa culture et ses usages économiques, pour que j'aie besoin d'en parler longuement. Elle se reproduit par ses graines et mieux encore par ses tubercules que l'on met dans une terre bien creusée et bien fumée, depuis le mois de mars jusqu'à celui de juillet. Les premières produisent davantage, mais sont moins bonnes. La terre qui environne la plante doit être souvent remuée, et amoncelée autour du pied. On les arrache dès qu'elles ont acquis assez de grosseur, et on les conserve à l'abri de la gelée. On les donne crues, aux bêtes chevalines et aux brebis qu'elles nourrissent très-bien, et cuites, aux bœufs, aux moutons, aux cochons, et à la volaille qu'on veut engraisser. Malheureusement elles épuisent beaucoup la terre, et on ne peut ensuite y recueillir du blé qu'en la fumant; on dit qu'elles précèdent et suivent le seigle avec moins d'inconvénient.

Le topinambour est peu répandu, quoique très-utile. C'est une plante vivace dont les tubercules sont une bonne nourriture pour les bestiaux et un mets assez agréable pour l'homme. Il supporte également les plus grands froids, et les plus fortes chaleurs, vient dans tous les terrains, les plus secs et les plus mauvais: ce qui le rend fort avantageux pour nous. On plante au printemps ses tubercules entiers, dans des sillons espacés de demi-mètre, après avoir donné une culture profonde. On lui accorde dans le courant de l'été quelques binages; avec ces foibles soins il donne avant l'hiver une récolte de tubercules très-copieuse, plus forte d'un tiers que celle de la pomme de terre. On les arrache dès que les feuilles commencent à flétrir, ou

bien à fur et à mesure que l'on en a besoin.
Ils nourrissent bien tous les bestiaux, et peuvent suppléer au défaut des fourrages. Les tiges coupées fraîches sont une bonne litière; séchées elles peuvent servir pour brûler, ou pour ramer les plantes légumineuses.

La carotte est de toutes les racines fourrageuses la plus nourrissante, celle que les bestiaux préfèrent, et en conséquence la meilleure sous tous les rapports. On la sème au printemps, si on veut la recueillir pendant l'été, et tout de suite après la moisson, si on la réserve pour l'hiver. La première est sujette à monter en graine, inconvénient majeur, parce qu'elle devient dure et ligneuse, au point de n'être plus bonne à rien; c'est pourquoi il vaut mieux en renvoyer l'ensemencement aux mois de juin ou juillet, lorsqu'on a des terrains arrosables, ou assez frais pour être cultivés dans ce temps. Le sol doit être défoncé à vingt ou vingt-cinq centimètres, à moins qu'on ne sème sur le chaume, cas où il suffit de labourer légèrement avec l'araire, pourvu qu'une culture ait été donnée à la profondeur précitée, avant le blé, et que le sol soit sablonneux. On l'ensemence, ou à la volée, ou en pépinière, ou dans des rayons à la houe, ou dans des sillons espacés de quarante centimètres. La dernière méthode est la meilleure. Des sarclages rigoureux sont absolument nécessaires, autant pour détruire les plantes inutiles, que pour espacer convenablement les racines. On les arrache dès qu'elles sont assez grosses, pour les faire manger aux bestiaux; et on les lave préalablement. Les chevaux et mulets s'en trouvent très-bien; elles leur tiennent lieu d'avoine; mais elles conviennent encore mieux aux bœufs et aux moutons que l'on veut engraisser, dont la chair acquiert un goût exquis. Les bêtes à laine les mangeroient difficilement, si on n'avoit l'attention de les leur couper par morceaux. On réserve les plus belles pour graines, et on les transplante au printemps.

La grosse rave, célébrée sous le nom de turneps par les anglomanes qui croyoient faire une conquête nouvelle, en recevant défigurée par un nom étranger une plante que nous possédons depuis fort long-temps, est très-commune dans beaucoup de parties de la France. Sa culture et ses usages sont les mêmes que ceux de la carotte, dont elle ne diffère, que par sa faculté de pouvoir être semée plus facilement en été. On répand la semence sur le chaume après un léger labour et les premières pluies, depuis le commencement d'août, jusqu'au milieu de septembre : et on commence à la recueillir au commencement d'octobre. Ses feuilles et ses racines sont une immense ressource, notamment pour le bœuf, en prenant la précaution de les arracher, à la veille des plus fortes gelées, et de les garantir des grands froids.

La bette-rave et sur-tout sa variété, dite bette-rave champêtre, ou racine de disette, est cultivée dans quelques pays pour la nourriture des bestiaux, depuis les expériences et les écrits de Commerell. Sa culture et ses usages sont les mêmes que ceux des deux précédentes : ni les unes ni les autres n'ont besoin d'être butées.

On a proposé de faire plusieurs récoltes successives des feuilles de ces racines fourrageuses. Cette opération contraire aux lois de la physique végétale ne peut que leur être nuisible ; la bette-rave la supporte plus facilement que les autres : malgré cela on ne doit retrancher que celles qui commencent à se flétrir, ou qui restent, au moment d'arracher les racines.

Les feuilles des vignes, des muriers, des saules,

(81)

saules, des peupliers, des ormes, etc., peuvent
aussi servir de fourrage. Fraîches ou séchées ,
tous les bestiaux les mangent avec plaisir. Il faut
donc les recueillir avec soin, au lieu de les
laisser perdre comme on ne fait que trop
souvent. On les cueille à la main , ou bien
on coupe les petites branches auxquelles elles
sont attachées et on les met en fagots pour
les conserver, lorsqu'elles sont sèches. C'est
une bonne provision pour l'hiver, qu'on a
proposé d'augmenter en plantant exprès pour
cet objet quelques-uns des arbres ci-dessus
désignés, ou d'autres qui ont, ainsi que quelques arbustes , des feuilles nombreuses et
fines , tels que l'acacia sans épines , *robinia
inermis;* le cytise , *cytisus hirsutus*; le ba-
guenaudier, *colutea arborescens* , etc. : nouveau motif pour nous engager à peupler de
vastes terrains incultes , les bords des che-
mins, et des champs, qui présentent presque
par-tout une affreuse nudité !

Quelques Agronomes ont cherché à déterminer d'une manière précise , la quantité de
prairies artificielles, qui doivent exister dans
une exploitation ; en proportionnant l'étendue
des champs à fumer, le nombre de bestiaux à
nourrir pour faire le fumier suffisant, et les

fourrages nécessaires à leur nourriture, avec les prairies qui doivent les produire. Cette règle est invariable, et nous pouvons l'appliquer à notre localité, en observant que si d'un côté la mauvaise qualité et le triste état de notre sol exigent beaucoup de prairies pour l'améliorer , d'un autre côté nous devons nous procurer par la culture des céréales, abstraction faite de leur premier produit (le grain), autant de paille qu'il est possible pour faire du fumier. Or, j'avance que plus l'on a de prairies, plus on a de pailles, de bestiaux et de fumiers ; qu'on ne peut donc les trop multiplier pour la prospérité de l'agriculture, et qu'il faut en mettre par-tout où il n'y a point de blé semé, et abolir ainsi l'usage des jachères.

CHAPITRE III.

DES PLANTES PARASITES , DES ANIMAUX *et des Insectes qui nuisent aux Prairies artificielles, et des moyens de les détruire.*

La plûpart des Agronomes qui ont écrit sur les Prairies artificielles, ont désigné sous le nom de plantes parasites toutes celles qui croissant spontanément dans les prairies, leur

deviennent nuisibles , et doivent par conséquent être arrachées. Pour parler plus exactement et à l'imitation des Botanistes , ce mot
ne devroit s'appliquer qu'à celles qui croissent sur un autre végétal , et en tirent leur
nourriture. A défaut de terme propre j'aime-
rois mieux employer une périphrase , qu'un
mot insignifiant, ou qui donne une idée fausse;
mais l'usage a prévalu : il est trop général
pour que je ne croie pas devoir m'y con-
former.

Quelque peine que l'on se soit donnée , en
préparant le terrain destiné à une Prairie artificielle , pour le purger de toutes les plantes
parasites qui s'y trouvoient , elles n'y repa-
roissent pas moins, aussitôt que les graines
que l'on a semées commencent à lever ; et comme au physique ainsi qu'au moral le mal
l'emporte souvent sur le bien , ces plantes
étrangères à la prairie prendroient insensiblement le dessus, et finiroient par s'emparer
du terrain , ou y occuperoient au moins une
place considérable, si l'on n'y portoit remède.
Il est urgent d'arrêter le mal dans sa source,
et d'empêcher de se perpétuer par leurs
graines , des plantes inutiles , sinon dangereuses.

(84)

Un agriculteur soigneux ne doit laisser subsister dans ses champs en sainfoin, trèfle et
luzerne , que les plantes qu'il y a semées,
et les purger de toutes les autres , par des
sarclages rigoureux , répétés aussi souvent
qu'il est nécessaire , sur-tout la première année. Cette opération se fait ou à la main, ou
avec une pioche , ou des tenailles de bois ,
après une pluie ou une irrigation suffisantes,
si la terre s'est déjà resserrée. Il seroit inutile
de faire la longue énumération de toutes les
plantes qu'il faut extirper dans ces prairies,
puisqu'il est dit qu'il ne faut en laisser
subsister aucune d'étrangère. Je me conten-
terai de signaler les plus communes et les
plus nuisibles. Ce sont plusieurs graminées
agrestes , les bromes mol et stérile , *bromus
mollis* et *sterilis* ; divers panics , sur-tout le
panic vert , *panicum viride* ; le chiendent,
triticum repens , et plusieurs autres de la
même classe ; plusieurs chardons et sur-tout le
chardon hémorrhoïdal , *serratula arvensis* ; les
orties , les mousses , la cuscute ou teigne ,
cuscuta europœa, véritable plante parasite qui
s'attache aux tiges de la luzerne , etc. Les
hersages , les labours peu profonds avec l'*a-
raire* , les engrais abondans couverts d'une

couche de terre, concourent avec les sarclages, à débarrasser les prairies des plantes
parasites, en étouffant les plus petites, comme
les mousses, et en procurant aux favorites
une végétation vigoureuse, qui prive les autres
de la lumière et du soleil, les fait étioler et
périr. Les plantes que la cuscute attaque doivent être arrachées; il n'est pas d'autre moyen
de s'en défaire.

Les sarclages sont moins nécessaires aux
prairies annuelles, parce que la fauchaison
vient mettre fin au mal, avant qu'il se soit
développé en entier.

Mais il faut sur-tout redoubler de soin
pour les prés-gazons, ordinairement négligés
par l'insouciance. Au milieu des plantes qu'on
a semées, et de celles qu'on desire y voir
multiplier, il s'en élève un grand nombre,
dont les unes sont trop basses pour pouvoir
être atteintes par la faux, ou trop peu four-
nies de feuilles, pour remplir les greniers;
d'autres trop dures pour faire un bon fourrage, et d'autres trop acres et vénéneuses,
pour ne pas nuire aux bestiaux. Sans avoir
la prétention de les nommer toutes, parce
que leur nombre et leurs espèces varient
dans tous les lieux, je distingue parmi les

premières : les patiences, *rumex rubrum, pa-*
tientia ; le pissenlit, *leontodon taraxacum* ;
toutes les prêles, *equisetum* ; la millefeuille,
achillœa millefolium ; les caillelaits jaune et
blanc, *galium luteum* et *verum* ; le plantain
grand et lancéolé, *plantago major* et *lanceo-*
lata ; la pimprenelle, *poterium sanguisorba* ;
plusieurs graminées des genres brome, *bro-*
mus ; choin, *schœnus* ; souchet, *cyperus* ;
panic, *panicum* ; scirpe, *scirpus*, et autres.
Parmi les secondes, la grande consoude, *sym-*
phytum officinale ; les deux bouillons blancs,
verbascum thapsus et *thapsoides* ; les chardons
hémorrhoïdal, étoilé, sans tige, des marais,
serratula arvensis, centaurea calcitrapa, car-
duus acaulis, palustris ; l'arrête-bœuf, *ono-*
nis spinosa ; la bardane, *arctium lappa* ;
tous les roseaux, *arundo* ; la plûpart des om-
bellifères ; le dompte-venin , *asclepias vince-*
toxicum ; la bourrache, *borrago officinalis* ; la
cynoglosse, *cynoglossum officinale* ; la vipé-
rine, *echium vulgare* ; les sauges des prés et
sclarée, *salvia pratensis* et *sclarea*, etc., etc.;
parmi les troisièmes , les renoncules acre,
scélérate, bulbeuse, grande et petite douve,
ranunculus acris, sceleratus, bulbosus, flam-
mula et *lingua* ; la jusquiame, *hyoscyamus*

niger; les tithymales ou euphorbes, *euphorbia*; la pomme épineuse, *datura stramonium*; le colchique ou tue-chien, *colchicum autumnale*, etc. L'extirpation de toutes cęs plantes est une chose si nécessaire, que sans ce préalable, il ne peut exister de bon pré. On y parvient par les mêmes moyens que nous avons indiqués pour les autres prairies, les sarclages, les hersages et les engrais.

D'autres ennemis non moins dangereux et aussi multipliés, concourent à la destruction de nos prairies; ce sont des larves d'insectes qui vivent aux dépens de leurs feuilles, d'autres larves et des animaux qui rongent leurs racines, pour s'en nourrir, les coupent en traçant leurs sentiers souterrains, et forment au-dessus de larges buttes qui étouffent l'herbe, et gênent le fauchage. On trouve sur les tiges du sainfoin un insecte nommé *gigéane* par les Entomologistes; heureusement il est fort rare dans nos contrées. Sur les tiges et les feuilles de la luzerne, vivent les larves de la tettigone écumeuse, *tettigonia spumaria*, ainsi nommées à cause de l'écume blanche dont elles s'enveloppent; celles de la cochenille à sept points, *coccinella septempunctata*, noires et marquées de sept taches verdâtres; celles de

(88)

l'eumolpe obscur, *eumolpus obscurus*, ovales et noires ; et celles du charançon pyriforme, *curculio acridulus*. Les deux premières espèces ont été accusées d'un dégat dont elles sont innocentes, car elles ne vivent que de pucerons ; mais il n'en est pas de même des deux dernières ; si elles attaquent une luzernière, elles ne l'abandonnent qu'après l'avoir dépouillée de toutes ses feuilles. Dès qu'elles s'en sont emparées, il ne faut pas balancer à faucher tout de suite, quel que soit l'âge de la pousse, et passer le rouleau ensuite, afin d'achever de détruire celles qui demeurent attachées aux brindilles échappées à la faux. C'est le seul moyen de s'en débarrasser, tous les autres que l'on a vantés sont insuffisans.

Les larves du hanneton ou ver blanc, *melolontha*, qui vivent dans la terre pendant quatre ans, et celles du rhinocéros, *scarabeus rhinoceros*, coupent toutes les racines qui se trouvent sur leur passage. Si l'on creuse à l'endroit où l'on voit les plantes se dessécher, on les trouve ordinairement. On ne connoît pas d'autres moyens pour les découvrir et les détruire.

La taupe, la fourmi, la courtilière et le

mulot attirés par l'état d'ameublissement de la terre d'une prairie nouvellement formée , viennent s'y établir de préférence, et font autant de ravages au-dessous de la terre en coupant les racines, qu'au-dessus en couvrant l'herbe de leurs buttes. On détruit la taupe et le mulot en les chassant de leurs retraites, par le secours de la fumée et de l'eau , ou en les enlevant avec une pioche, au moment où on les voit travailler ; et mieux encore en mettant en usage les piéges , moyen plus certain et plus expéditif. Nous en connoissons un grand nombre. Le plus renommé est celui qui a été approuvé par la Commission d'Agriculture et des Arts , et qui paroît être le même que celui de Lecourt. J'en copie la description donnée par Huzard dans une note d'Olivier de Serres. C'est une pince élastique d'une seule pièce semblable aux pincettes des fumeurs , ou à celles à sucre ; les extrêmités recourbées des branches sont resserrées dans la détente, par l'effet de l'élasticité du ressort ; elles s'ouvrent et sont tendues par une petite plaque percée , retenue légèrement par les extrémités. On place ce piége dans la galerie de la taupe qu'on a découverte, la plaque du côté par lequel on soupçonne que la taupe doit arriver ; on en place même ordinairement deux adossés l'un à l'autre, pour que la taupe n'échappe pas, soit en allant, soit en revenant, et on les couvre de terre. La taupe en arrivant et voulant passer par le trou de la plaque qui tend le piége, le fait détendre, et se trouve prise par le milieu du corps, entre les deux extrémités du piége.

Je me sers d'un autre piége si simple, qu'il peut être fabriqué à l'instant sans dépense par l'homme le moins adroit. C'est une baguette de bois flexible pliée en arc au moyen d'une ficelle attachée par le milieu à un gros roseau ou une branche de sureau, de trente centimètres de longueur, percé dans ce sens d'outre en outre, et d'une autre ouverture en sens opposé, d'un pouce carré pratiquée à quatre travers de doigt de son extrêmité inférieure, terminée en pointe. Dans le roseau glisse une flèche armée d'une petite pointe de fer très-aiguë, et qui est poussée par l'arc. On plante le roseau par son bout pointu, de manière que l'ouverture transversale réponde à la galerie. La taupe ou le mulot venant d'un côté ou de l'autre dérangent un petit morceau de bois placé au milieu de l'ouverture, qui faisoit effort contre la flèche et tenoit l'arc tendu. Aussitôt la flèche cède à l'effort de l'arc, et l'animal se trouve percé.

Les fourmis et les courtilières sont plus difficiles à détruire à cause de leur petitesse et de leur immense multiplication. Des irrigations abondantes et souvent répétées, des feux de feuilles ou de menus bois allumés sur les fourmilières, l'eau mêlée d'un peu d'huile versée dans le nid de la courtilière, qui se reconnoît au printemps à une petite butte de terre très-meuble, sont les moyens les plus efficaces pour s'en délivrer,

Les buttes formées par ces animaux doivent être étendues dès qu'on les apperçoit; on se sert d'une pèle, ou si le travail est trop considérable, d'une herse légère, armée sur le devant d'une lame tranchante qui coupe les taupinières et autres élévations, et en étend la terre de chaque côté.

CHAPITRE IV.

DE L'EMPLOI ET DE LA CONSERVATION
des Fourrages.

Ce seroit peu d'avoir fait connoître les moyens d'établir et d'entretenir les Prairies artificielles, si je n'indiquois encore l'emploi le plus utile à faire de leurs produits, avec la manière de les recueillir et de les conserver.

L'herbe provenant des prairies peut être consommée sur place, ou fauchée pour être distribuée aux bestiaux, soit verte soit sèche. Les fourrages frais ne conviennent aux bêtes chevalines que dans leur jeunesse, où ils facilitent la pousse des dents et le développement des membres; lorsqu'elles sont échauffées ou fatiguées par un travail excessif ou trop précoce, et dans quelques maladies. Hors ces cas, les fourrages secs conviennent mieux à leur tempérament, et les soutiennent davantage dans leurs fatigues. Les bœufs et les bêtes à laine au contraire préfèrent en tout temps les pâtures vertes. On a long-temps disputé pour savoir s'il valoit mieux les leur faire manger sur place, ou au ratelier. Le pâturage épargne dit-on les frais de fauchage, de transport, et engraisse le sol par les déjections des bestiaux qui s'y nourrissent; mais il a des inconvéniens qui contrebalancent, surpassent même ces avantages. Une prairie livrée aux bestiaux souffre beaucoup, sur-tout dans la première année, de leur piétinement et plus encore de leurs dents, qui coupent quelques plantes jusqu'au collet, et en arrachent un grand nombre. L'herbe qui n'est pas coupée net repousse moins vite; la prairie se dépeuple et devient incapable de donner par la suite de belles coupes.

Quelques agriculteurs frappés de ces inconvéniens ont voulu interdire aux troupeaux dans tous les temps l'entrée des prairies. Suivrons-nous leur avis ? non sans doute, il vaut mieux prendre un parti moyen, qu'extrême. Abandonnons-leur sans difficulté et sans réserve celles que nous leur destinons uniquement, celles que nous ne pouvons pas faucher à cause de l'aspérité du sol ou de la petitesse de l'herbe, les regains de toutes les anciennes prairies, et celles que nous nous proposons de défricher bientôt ; mais réservons toutes les autres pour la faux.

J'ai indiqué l'époque des diverses fauchaisons. J'observerai de nouveau qu'il est surtout préjudiciable de les retarder. La fructification épuiseroit le sol et la plante. Il est essentiel de couper bas, et aussi net qu'il est possible.

Il faut attendre un temps sec bien décidé, afin que le fanage soit plus facile, plus prompt et continu. C'est de la réussite de cette dernière opération que dépend la qualité du fourrage. Dès qu'il est coupé, éparpillez les ondains, tournez, retournez et revenez sans cesse à la charge. Un jour, un seul instant peuvent vous faire perdre le fruit de tout votre travail, s'il survient une pluie. Il est nécessaire de le réunir chaque soir en petits tas, pour le préserver de la rosée qui le déprécie presque autant que la pluie. La dessiccation s'opère lentement si l'herbe est épaisse, à moins qu'on n'en transporte une partie dans un endroit voisin, pour l'éclaircir. Pour accélérer celle des dernières coupes, qui est encore plus difficile par rapport à la saison, il faut amonceler le foin dès qu'il est coupé, et le laisser dans cet état pendant vingt-quatre heures. La masse s'échauffe, il s'établit une espèce de fermentation, qui fait évaporer l'eau de végétation dont l'herbe surabonde. On l'étend ensuite et il est bientôt assez sec pour être renfermé. Je me suis bien trouvé de cette pratique, qui est indiquée par je ne sais quel auteur ancien. Je l'ai appliquée avec avantage aux dernières coupes de toutes mes prairies artificielles ; le foin y perd à la vérité sa couleur, mais non sa qualité. On peut aussi lorsqu'on ne destine pas les derniers foins à être vendus, les stratifier avec de la paille, qui pompe l'humidité superflue et une partie de l'odeur des plantes. On a le double avantage alors de braver l'humidité, et d'améliorer par ce mélange une pâture peu attrayante dans son isolement. Une dessiccation trop précipitée, l'action trop long-temps soutenue du soleil et des vents, décolorent le fourrage, lui font perdre sa saveur, et le détériorent presque autant que la pluie.

Dès que le foin est suffisamment sec, il faut l'enlever de dessus la prairie, à laquelle son trop long séjour seroit aussi nuisible qu'à lui-même. Long-temps après on remarque encore la trace des ondains sur les plantes, qui privées d'air ont jauni et se sont étiolées.

L'endroit le plus propre à conserver les foins est un grenier sec et aéré, où ils se trouvent à l'abri de l'humidité. A défaut d'espace suffisant on en fait des meules en plein air, ou sous des hangars. La base de la meule doit être au-dessus du sol, posée sur un lit de broussailles, et le dessus terminé en cône, suffisamment recouvert de longues pailles et de boue, pour empêcher l'humidité d'y pénétrer. J'ai vu un habile propriétaire qui aimoit mieux placer ainsi ses luzernes, et laisser vides d'immenses greniers, pour éviter, disoit-il, les ravages des rats.

On a beaucoup vanté dans ces derniers temps une meule dite à la hollandoise, dans laquelle on établit un courant d'air, par une ouverture perpendiculaire, pratiquée au milieu, et correspondant avec d'autres ouvertures horizontales. Cette pratique n'est point nécessaire dans notre climat, où la dessiccation des fourrages s'opère avec autant de facilité que de perfection. Ses avantages sont contredits par une méthode toute opposée, pratiquée avec succès dans quelques parties de l'Italie, consistant à serrer le foin dans des granges, en le pressant à coups de maillet. Il suffit pour nous que le foin soit emmeulé bien sec et tassé uniformément. Je désirerois seulement qu'au lieu des couvertures de paille et de terre, on adoptât pour les meules un toît mobile qui seroit beaucoup plus commode. Voici la manière d'en faire un qui est aussi utile qu'économique. Sur trois ou quatre cercles de bois de diamètres différens, dont le plus grand doit excéder la circonférence de la meule, de soixante centimètres, et le plus petit n'en avoir pas plus de vingt-cinq, on forme un tissu de pailles de seigle ou

de

de roseaux , de quatre travers de doigt d'é-
paisseur , et bien serré. On fait bomber le
centre de manière qu'il prenne la forme d'un
parapluie. Au milieu on laisse une ouverture
dans laquelle doit passer une forte perche,
plantée solidement dans le milieu de la meule,
et percée de trous à certaines distances, des-
tinés à recevoir une cheville pour fixer le toît
une fois qu'il est placé. Veut-on mettre ou
prendre du foin , deux hommes enlèvent ce
chapiteau , et le remettent ensuite, lorsqu'ils
ont fini.

Quoiqu'on ait emmeulé le foin bien sec , il
ne laisse pas de ressuer , c'est-à-dire , de
subir une légère fermentation, qui s'annonce
par une odeur très-pénétrante, et dure environ un mois. C'est seulement après, qu'on
peut le donner sans danger aux bestiaux,
auxquels il ne peut plus nuire que par son
excès.

CHAPITRE V.

Du défrichement et de l'assolement
des Prairies artificielles.

Les Prairies artificielles, après avoir fourni
de belles récoltes pendant un temps propor-

G

tionné aux soins qu'on leur a donnés, et à la longévité des plantes dont elles se composent, parviennent enfin à un terme, où la diminution graduelle de leurs produits indique qu'elles sont sur leur retour, et qu'il est temps de les défricher. L'intérêt du cultivateur le porte quelquefois à dévancer cette époque. Si le terrain qu'elles occupent se trouve suffisamment fertilisé par leur séjour, et si l'on a d'autres champs à amender par le même moyen, on ne doit pas balancer à les détruire. Dans le cas contraire, on doit les laisser subsister tant qu'on le juge nécessaire pour la bonification du sol et le besoin des bestiaux, et qu'elles donnent de bons produits. Le trèfle des prés dure trois ans ; la luzerne huit ou dix, et le sainfoin douze ou quinze, excepté quand on les arrose, car leur vie est alors raccourcie de moitié. Les prés-gazons sont si durables, qu'ils ne finissent jamais. Autant il est difficile de les établir, autant il est facile de les perpétuer. Pour les rajeunir il n'y a qu'à les fumer et les couvrir de terre ; c'est pourquoi l'on ne doit pas, sans de bonnes raisons, se décider à les détruire.

On procède au défrichement des prairies de plusieurs manières : si l'on en a une grande

étendue , et que la main-d'œuvre soit rare ,
par conséquent chère , on emploie une charrue
attelée de deux ou quatre bêtes. Il vaudroit
mieux se servir de la bèche (*notre lichet*),
qui fait une meilleure culture ; mais ce moyen
est trop dispendieux pour être pratiqué en
grand , et ne peut être adopté qu'en petit.
On se sert aussi quelquefois de la houe , avec
laquelle on enlève une couche de terre de
trois ou quatre travers de doigt d'épaisseur,
qui forme une tranche toute entrelassée de
racines. On brise ensuite les mottes par plusieurs labours à l'*araire* et à la herse. Je pré-
fère cette méthode pour mes prairies bien fu-
mées , sur-tout pour mes luzernières. J'ai par
ce moyen un bon produit la première année,
et d'autres encore les suivantes, en graduant
annuellement la profondeur des labours ; tandis qu'en défrichant avec la bèche, la première
année , je cours risque d'avoir un blé plus
apparent que productif, parce que la plante
présente un luxe de végétation superflu et
pernicieux, qui se fait aux dépens de la formation des grains, et qui épuise la terre, au
point de nuire aux récoltes à venir.

Je ne dirai qu'un mot de l'écobuage , qui
se pratique aussi quelquefois dans les mêmes

circonstances. On a reconnu depuis long-temps qu'il est nuisible aux terres calcaires et siliceuses , autant qu'il est utile à celles qui sont alumineuses , froides et humides. Il ne peut donc être appliqué qu'à un petit nombre de celles de notre Département : en règle générale il convient là où le trèfle prospère sans arrosement. Si ses mauvais effets ne paroissent pas à l'instant sur les autres , ils ne se font sentir que plus vivement dans la suite. Privées , par la combustion , de la majeure partie de leurs principes de fécondité , réduites par l'incinération à un état de pulvérisation qui étoit déjà leur plus grand défaut , elles retombent bientôt dans le même degré de stérilité , dont on les avoit relevées si difficilement.

Quelle que soit la méthode de défrichement que l'on adopte , on doit s'attacher à bien ameublir la terre, à extirper , rompre et enfouir avec soin les racines et les herbes, afin que privées de l'air et de la lumière elles ne repoussent plus; qu'elles ne soient pas desséchées par le soleil et les vents , et qu'elles se décomposent bientôt : il faut pour cela croiser les labours et les hersages , les répéter aussi souvent qu'il est possible. L'appât d'un

regain souvent médiocre porte quelques cultivateurs à ne commencer que fort tard les
défrichemens, qui doivent avoir lieu au moins
au mois d'août, excepté qu'on ne veuille enterrer la dernière herbe, ou semer de l'orge
ou de l'avoine, ou tout autre grain, aux
mois de février ou mars suivans. Je me suis
toujours applaudi d'avoir sacrifié non-seulement
ce produit chétif, mais encore la pénultième
coupe, que je fais enfouir en défrichant de
bonne heure, au moment où on pourroit la
faucher. La continuité succesive et longue des
plus belles récoltes m'a plus que dédommagé
de ce sacrifice momentané. C'est ce qu'il faut
pratiquer, sur-tout lorsqu'on ne peut laisser
subsister la prairie aussi long-temps qu'on le
désireroit. Le terrain s'en trouve aussi fertilisé, que si l'on y avoit mis des meilleurs
engrais en abondance.

C'est le froment que l'on fait succéder d'ordinaire aux prairies; et il n'est vraiment aucune autre récolte qui mérite mieux d'occuper
ce champ qui vient d'être fertilisé, comme
il n'en est aucune qui exige davantage la fertilité qu'il possède. Quelques Agronomes préfèrent y mettre de l'orge ou de l'avoine. On
doit suivre leur avis, si l'on a défriché trop

tard pour pouvoir semer du blé, ou si l'on craint qu'un terrain trop riche en principes nutritifs ne le fasse verser.

Le blé prospère assez la première année sur les défrichés des prairies, faits avant l'automne, et y vient mieux la seconde. Mais pour les emblaver deux fois de suite, il faut que le terrain soit de qualité supérieure, et encore n'est-ce point sans inconvénient. Il est plus conforme aux bons principes d'agriculture, et plus profitable aux cultivateurs, de ne point abuser ainsi d'une fertilité qui ne seroit que passagère. Il vaut mieux alterner les récolt s ; on retire beaucoup plus dans le fait par leur variété, et on maintient le sol dans un état prospère. A la récolte de froment on doit en faire succéder une autre moins épuisante, revenir après au blé, et ainsi de suite, jusqu'à ce qu'il convienne de former de nouveau une prairie artificielle d'une autre espèce, s'il est possible, pour établir toujours une diversité profitable. Cette époque doit être plus ou moins retardée suivant la durée de la prairie, et l'état du sol. S'il est maigre et épuisé il convient de la rétablir bientôt, sur-tout si la précédente n'a pas duré long-temps ; et en principe général

elle ne doit reparoître qu'après un laps de
temps égal à celui pendant lequel elle a existé.

Je termine ici mon ouvrage , mais sans
former la prétention d'avoir tout dit dans un
court mémoire , sur un sujet dont chaque
article demanderoit un volume. J'ai posé les
principes fondamentaux , j'en ai fait l'application à notre Département en général; je dois
laisser à chaque cultivateur en particulier le
soin de les appliquer à sa localité , et de
suppléer à ce que j'ai omis , ou rapporté trop
succinctement.

F I N.